普通高等院校
应用型本科计算机专业系列教材

CYUYAN
CHENGXU SHEJI
SHIYANJIAOCHENG

# C语言程序设计
# 实验教程

主　编 / 方艳红　陈　淼
编　者 / 方艳红　陈　淼　谭顺华
　　　　李　强　陈乾定　张　琦

重庆大学出版社

## 内容提要

本书是“C语言程序设计”课程的实验基本教程，以程序实例的方式概括各实验知识点，帮助学生掌握C语言程序设计的基本方法。全书共分10个实验，内容涵盖了C语言的运行环境及运行方法、简单程序设计、选择结构程序设计、循环控制程序设计、数组、函数、指针、自定义数据类型、文件的输入输出以及综合程序设计等方面的知识。本书注重学生上机调试程序能力的培养，实验后附加相应的思考练习题目，以便学生进一步巩固本实验所学知识。

本书以专业能力的培养为出发点，突出“以学生为中心”的教育理念，将教材基本内容、提高内容、综合内容3个层次有机结合，安排具体的实验内容，重在全面培养学生的多元能力。

本书可作为高等院校“C语言程序设计”课程的配套实验教程，也可以作为C语言培训机构的培训实验教材，还可以作为C语言初学者的自学教材。

**图书在版编目（CIP）数据**

C语言程序设计实验教程 / 方艳红，陈淼主编. —
重庆：重庆大学出版社，2015.8（2017.8重印）
ISBN 978-7-5624-9220-7

Ⅰ.①C… Ⅱ.①方… ②陈… Ⅲ.①C语言—程序设计—高等学校—教材 Ⅳ.①TP312

中国版本图书馆CIP数据核字（2015）第144227号

普通高等院校应用型本科计算机专业系列教材

**C语言程序设计实验教程**

主编 方艳红 陈 淼
责任编辑：陈一柳 版式设计：张 晗
责任校对：张红梅 责任印制：张 策

*

重庆大学出版社出版发行
出版人：易树平
社址：重庆市沙坪坝区大学城西路21号
邮编：401331
电话：（023）88617190 88617185（中小学）
传真：（023）88617186 88617166
网址：http://www.cqup.com.cn
邮箱：fxk@cqup.com.cn（营销中心）
全国新华书店经销
重庆学林建达印务有限公司印刷

*

开本：787mm×1092mm 1/16 印张：6 字数：128千
2015年8月第1版 2017年8月第3次印刷
印数：2 001—4 000
ISBN 978-7-5624-9220-7 定价：13.00元

# 前言

《C语言程序设计实验教程》是《C语言程序设计》的配套教材，其章节内容与《C语言程序设计》一一对应。本书针对C语言的学习过程，采用了由浅入深、由易到难的方式逐渐展开。

本书在内容上有以下特色：

首先，本书根据上机实验的要求与特点，针对《C语言程序设计》的章节重点和知识结构，给出对应的实验内容；其次，结合学生在学习C语言程序设计中对编程习题不易掌握的特点，实验题目由程序分析到具体编程逐步展开，实验最后部分附加相应的思考题目，帮助总结归纳重点实验内容；最后，本书结合一些实际应用问题给出综合程序设计任务，让学生进一步深刻理解和掌握程序设计的思想和方法。

《C语言程序设计实验教程》所安排的实验都具有实验目的与要求、实验步骤、实验小结与思考，并且根据学生每次上机操作的时间要求（一般为2学时）精心选排实验内容，其目标是使学生进一步理解“C语言程序设计”课程的重点知识内容；提高学生用C语言编程解决实际问题的能力。

《C语言程序设计实验教程》前9个实验为基础实验内容，主要包括C语言的运行环境及运行方法、简单程序设计、选择结构程序设计、循环控制程序设计、数组、函数、指针、自定义数据类型、文件的输入输出以及综合程序设计等方面的知识；第10个实验为综合程序设计实验，利用学过的基础知识设计具有一定功能的小系统。

需要说明的是，《C语言程序设计实验教程》中给出的编程结果并不是唯一正确答案，因为同一题目可以用不同方式得到正确答案，我们给出的只是其中的一种。

《C 语言程序设计实验教程》给出的所有程序都是在 Visual C++6.0 环境下调试通过的。

参与本书编写的有方艳红、陈淼、谭顺华、李强、陈乾定、张琦等同志，最终由方艳红定稿。另外在《C 语言程序设计实验教程》编写过程中，由于作者水平有限，疏漏与不足之处在所难免，恳请各位专家以及广大读者批评指正。

编　者

2015 年 4 月

# 目 录



* 表示选学部分

# 实验一　C 语言的运行环境及运行方法（2 学时）

## 一、实验目的和要求

1. 掌握 Windows 环境下使用 Visual C++ 6.0 对 C 语言程序进行编辑、编译、连接和运行的操作方法。

2. 掌握在 Visual C++ 6.0 集成开发环境下程序的改错及调试方法。

3. 通过编写简单的 C 程序，了解 C 程序结构特点。

## 二、实验内容

### 1. 熟悉 Visual C++ 6.0 集成开发环境

Visual C++ 6.0 是 Microsoft 公司推出的一种可视化高级程序集成开发环境，由编辑器、调试器以及程序向导 App Wizard、类向导 Class Wizard 等开发工具组成。编写一个简单 C 语言程序的过程如下：

（1）打开 Visual C++ 6.0 开发环境

单击桌面“开始”→“程序”→“Microsoft Visual C++6.0”→“Microsoft Visual C++6.0 Tools”。

（2）新建工程 /win32 Console application

选择“文件”（File）→“新建”（New）命令，在新建对话框中选择“工程”选项卡，再选择“win32 Console application”类型，按图 1.1 所示操作后单击“确定”按钮。

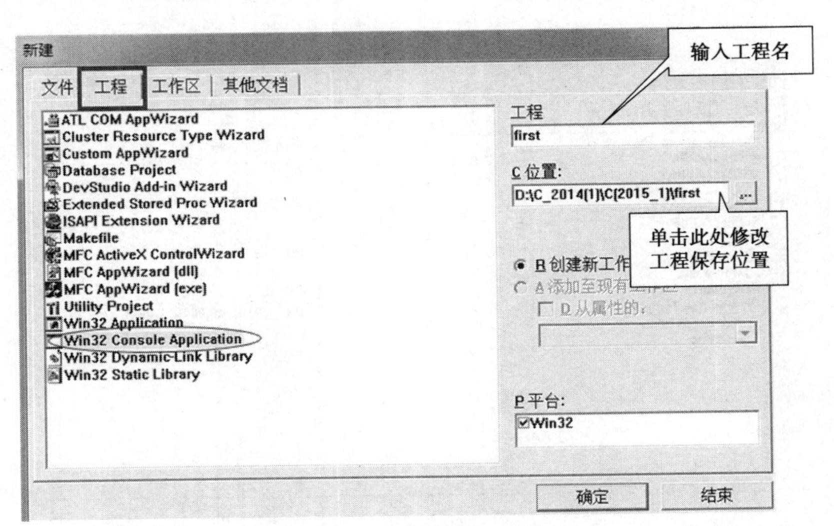


图 1.1　新建工程

（3）在当前工程下新建 C 源文件（Source File）

在当前工程下选择“工程”（project）→“添加到工程”（add to project）→“新建”（new）命令，如图 1.2 所示。

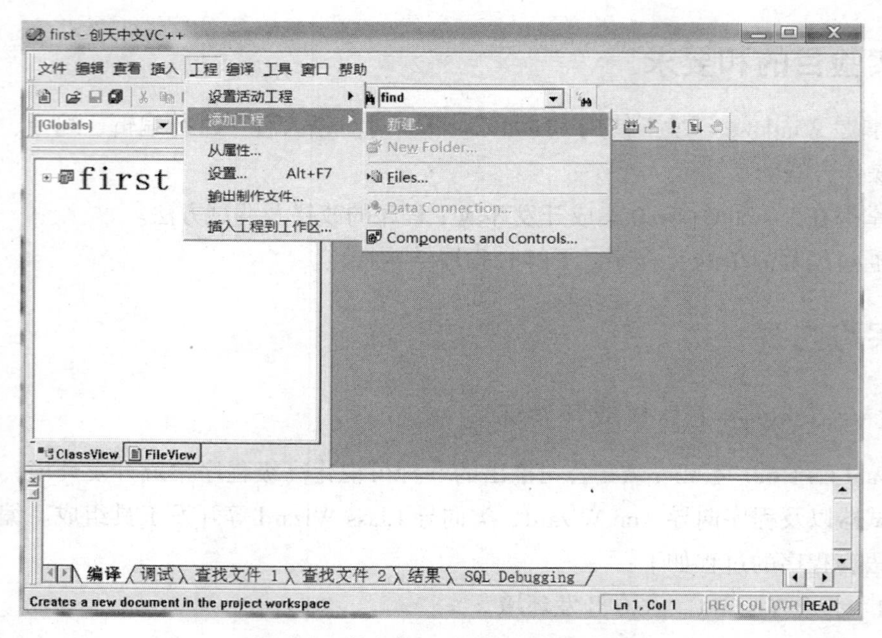


图 1.2 在当前工程下添加新建内容

弹出如图 1.3 所示的“新建”对话框，在弹出的对话框中选中“C++ Sourse File”（即在当前工程下新建一个 C 源文件），同时在“文件”（File）下面的编辑框中填写文件名，文件后缀名为 .c，如：“first_1.c”，单击“确认”按钮进入 Visual C++ 6.0 的 IDE 操作界面。

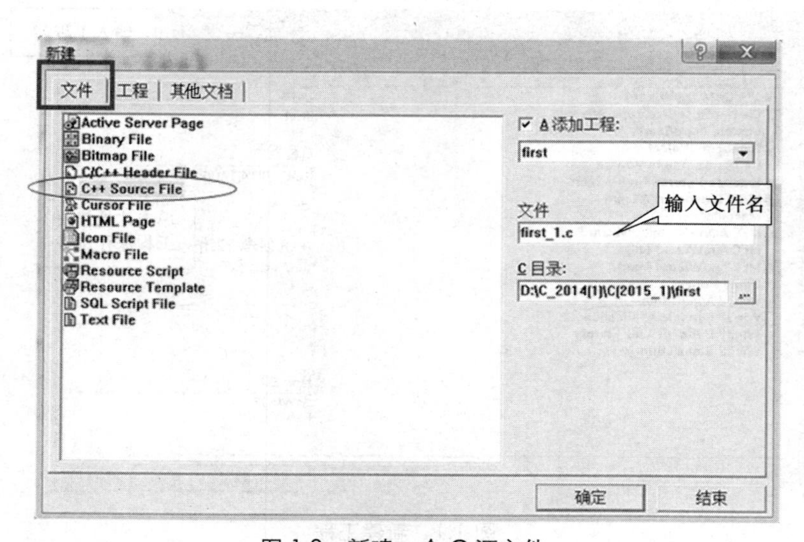


图 1.3 新建一个 C 源文件

（4）在 Visual C++ 6.0 的 IDE 操作界面中编写代码

在 Visual C++ 6.0 的 IDE 操作界面中，项目工作台窗口的 FileView（文件视图）下 Source File（源文件夹）包括了当前工程的所有 C 程序源文件，所有的源文件中有且只能有一个 main 函数；在程序代码编辑区可以书写、修改当前的源文件程序。

例如，在如图 1.4 所示的编辑窗口中输入如下内容：

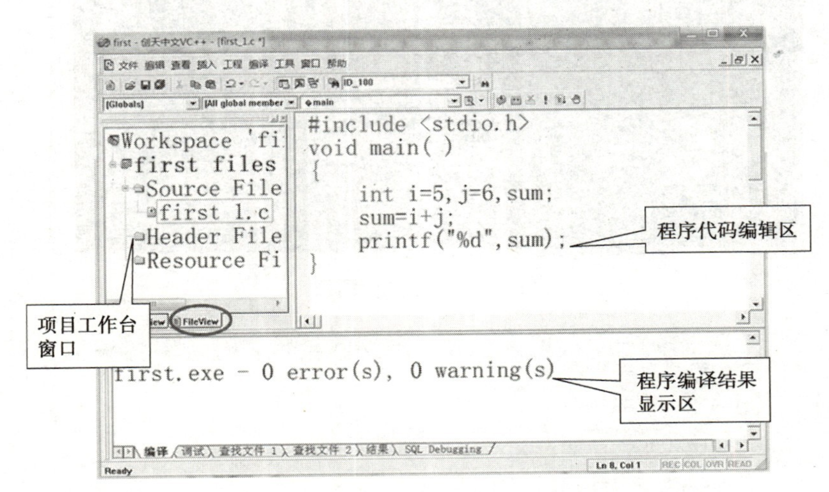


图 1.4　Visual C++ 6.0 的 IDE 操作界面

```
#include < stdio.h >
void main ( )
{
    int i=5, j=6, sum;
    sum=i+j;
    printf ("%d", sum);
}
```

（5）编译、连接执行程序

编好代码后，单击工具栏中 按扭，编译链接程序，在“在程序编译结果显示区”若出现“0 error（0），0 warning（s）”的结果，说明程序没有编辑错误，单击工具栏中 按钮，出现如图 1.5 所示的程序执行窗口，在执行窗口可完成程序数据的输入、结果输出等操作，按任意键就可返回编辑界面。

（6）修改上述程序

将“sum=i+j；”中的分号“；”去掉，重复步骤（5），结果如图 1.6 所示，其中的程序编译结果窗口显示：error C2146：syntax error ：missing '；' before identifier 'printf'。鼠标单击编译信息窗口滚动条，再双击错误提示语句，在程序代码编辑区会有一个蓝色小箭头指向改行错误语句，仔细检查，修改错误。

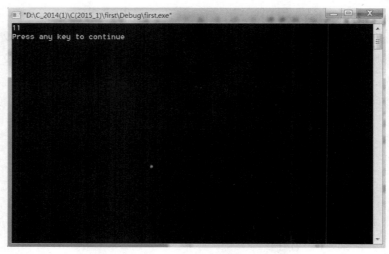


图 1.5　程序执行窗口

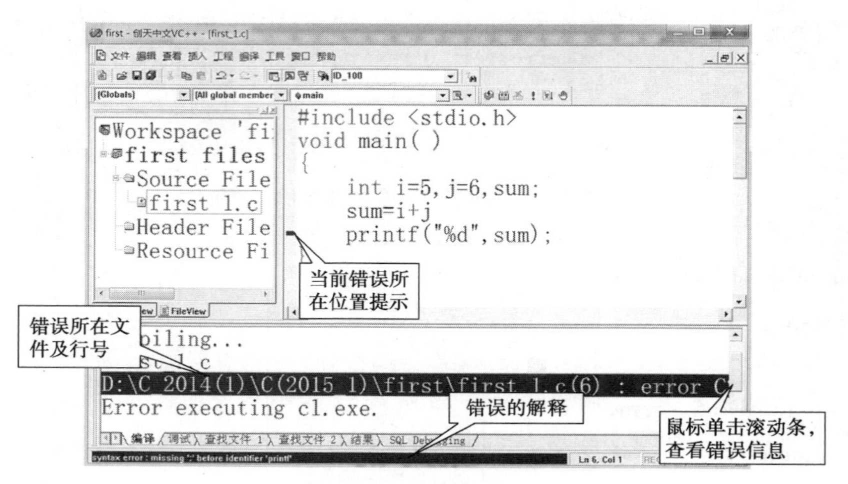


图 1.6　程序编辑窗口

修改完一个错误，单击一次工具栏按扭 重新编译连接程序，这样可以快速减少错误的数目。

（7）调试完成三个程序题

调试完成 1_1.cpp， 1_2.cpp，1_3.cpp 3 个程序题（见后面源程序清单）。

（8）完成提高编程题

由教师根据学生情况布置，供学有余力的学生做。

**注意：**

①必须顺序完成程序编辑、编译连接、运行的各个过程。没有正确编译成功的程序是不可能运行的！

②请注意经常保存 C 源程序，以免发生意外时丢失源程序。

③Error 错误——程序中具有语法错误，不能产生目标程序、执行程序，必须修改程序并重新编译，直到成功。

④Warning 错误——警告错，但程序可以产生目标程序、可执行程序，一般可以忽略。警告错一般也意味程序有瑕疵，虽然可以强行编译连接为可执行程序，但结果却不一定正确。

## 2. 熟悉程序的调试手段

调试程序是程序设计过程中经常需要做的工作，它的主要目的是找出程序中的逻辑错误，例如，下段程序（输入两个数，判断是否相等，相等输出 m=m；不相等输出 m!=n）在编译连接时，编译结果窗口显示 0 error（0），0 warning（s），但是运行结果却不对，究其原因是有一个逻辑错误，即在 if（m=n）语句中错把等号“==”写为赋值符号“=”。这种情况可通过调试程序查找出错误。

```
#include < stdio.h >
int main ( )
{
   int n, m;
   printf ( "please enter two integer number, n=?, n=?" ) ;
   scanf ( "%d, %d", &n, &m ) ;
   if ( m=n ) // 判断 m 是否等于 n
      printf ( "m=n\n" ) ;
   else
      printf ( "m!=n\n" ) ;
   return 0;
}
```

调试程序的一般过程如下：

（1）设置断点

首先定位光标到 main 函数中的某一行，单击工具栏按钮（或使用快捷键 F9）可在该行设置断点，设置断点后再单击工具栏按钮（或使用快捷键 F5）连续执行程序，程序执行到断点处停止执行，进入调试程序界面。在该界面中，“debug”菜单取代了“编译”菜单。“debug”菜单的主要子菜单如图 1.7 所示。

（2）单步执行，观察重点变量的取值情况

在图 1.7 左下角的小窗口中，可以观察程序中用到的变量的取值情况。如果程序中变量很多，可在右下角的窗口中设定一些特别关心的变量，并可设定几组。例如，上述程序在 main 函数第 2 行设置断点后，当选择了“step into”命令（快捷键 F11）后，屏幕如图 1.8 所示，在执行窗口输入 5（程序的执行从主函数第一条语句开始，在断点语句前有一条输入语句），即判断 5 是否为素数。

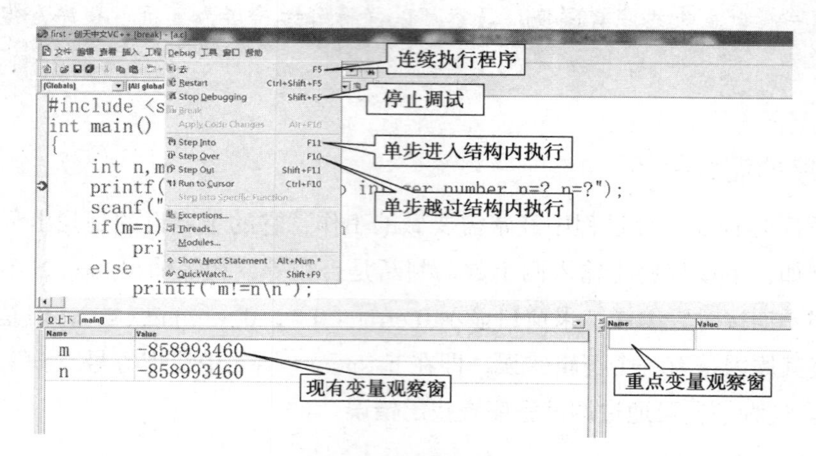


图 1.7　程序调试窗口

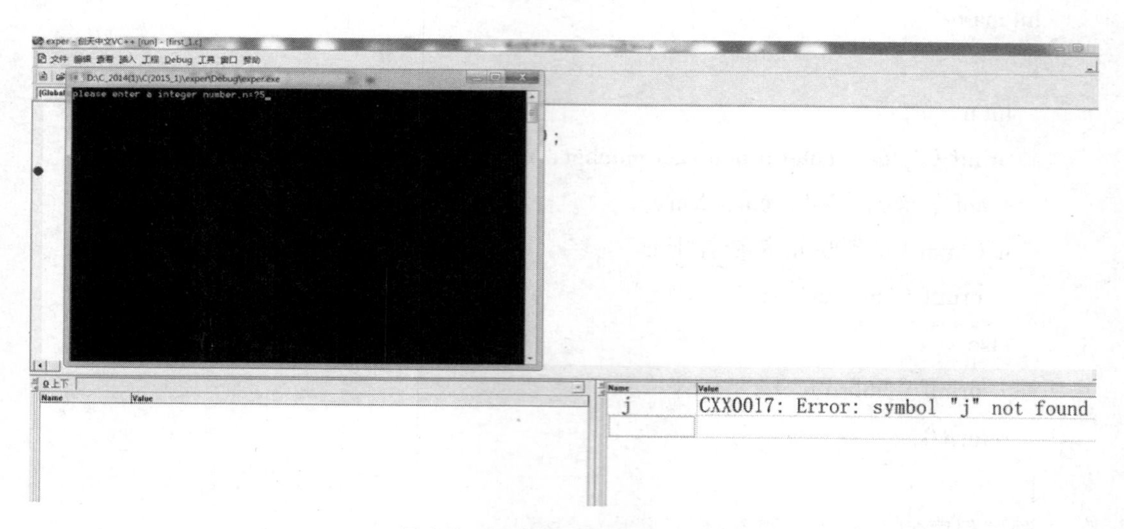


图 1.8　调试过程中的数值输入

按回车键后，在重点变量观察窗的 Name 列输入 m，然后单步执行程序，观察 m 的 Value（值）变化情况，黄色光标所在位置代表目前程序执行的位置。根据分析重点变量的值可以找出程序的逻辑错误，如图 1.9 所示。在该段程序语句 if（m=n）中，将 n 的值赋值给 m，那么 m 总是与 n 的值相同，因而不会正确输出判断结果。

（3）退出调试窗口

当分析完变量值的变化、找出逻辑错误后，单击“debug”菜单中“Stop Debugging”命令退出调试环境，返回程序编辑窗口。

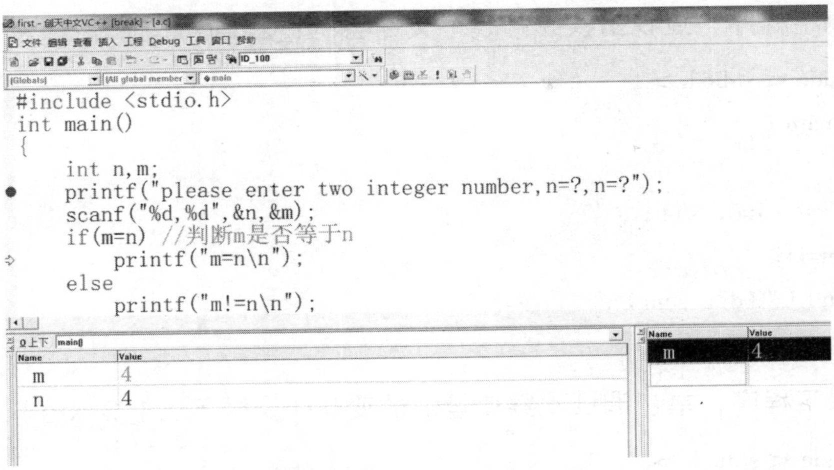

```
#include <stdio.h>
int main()
{
    int n,m;
    printf("please enter two integer number,n=?,n=?");
    scanf("%d,%d",&n,&m);
    if(m=n) //判断m是否等于n
        printf("m=n\n");
    else
        printf("m!=n\n");
```

| Name | Value |
| --- | --- |
| m | 4 |
| n | 4 |

| Name | Value |
| --- | --- |
| m | 4 |

图 1.9　调试过程中的变量分析

**注意：**

通过调试方法查找程序逻辑错误时，一定是在程序没有语法错误的前提下进行的，即在程序“0 error (0)，0 warning (s)”的情况下进行。

3. 编写简单的 C 语言程序，理解 C 语言程序结构

## 三、实验步骤与过程

1. 启动 Visual C++6.0 集成开发环境。
2. 完成或选做以下 5 个程序题（编辑、编译连接、运行程序，步骤与实验 1 相同）。
3. 退出 Visual C++6.0 集成开发环境，关机。

## 四、源程序清单、测试数据与结果

1. 编写简单的 C 程序，求整数 10、20 的和（文件名：1_1.cpp）。

```
#include < stdio.h >
void main（ ）
{
  int first，second，sum;
  first=10;
  second=20;
  sum=first+second;
  printf（"sum=%d\n"，sum）;
}
```

2. 分析以下程序，查找错误并修改（文件名：1_2.cpp）。

```
#include < stdio.h >
void main ( )
{
    int i=5, j=6, sum;
    sum=i+j
    printf ( "%d", sum ) ;
}
```

3. 调试以下程序，单步调试观察变量值的变化（文件名：1_3.cpp）。

```
#include < stdio.h >
void main ( )
{
    int i=1, n, sum=0;
    scanf ( "%d", &n ) ;
    while ( i < =n )
    {
        sum=sum+i*i;
        i=i+1;
    }
    printf ( "%d\n", sum ) ;
}
```

## 五、实验小结和思考

1. 简述 C 语言程序调试运行的过程。
2. C 语言程序主要的错误类型有哪些？
3. 在同一工程下，是否可以建立多个 main 函数？

# 实验二　简单程序设计——顺序结构（2学时）

## 一、实验目的和要求

1. 掌握C语言中使用最多的一种语句——赋值语句的使用方法。

2. 掌握C语言的基本数据类型，熟悉如何定义一个整型、字符型和实型的变量，以及对它们赋值的方法。

3. 掌握不同类型数据之间赋值的规律。

4. 掌握C语言的基本算术运算符及其表达式，特别是自增++和自减--运算符的使用。

5. 掌握不同类型数据的输入、输出格式控制。

## 二、实验内容

1. 定义整型、字符型数据并对其赋值，以不同的输出格式控制其输出结果，理解整型数据与字符型数据的转换，分析程序运行结果。

2. 输入并运行一个C程序，理解整型数据的溢出错误，分析程序运行结果。

3. 输入并运行一个C程序，掌握不同类型数据之间的赋值规律。

4. 输入并运行一个C程序，熟悉自增和自减运算符的使用方法。

5. 输入并运行一个C程序，理解浮点型数据的输出格式控制。

## 三、实验步骤与过程

1. 启动Visual C++6.0集成开发环境（方法与实验一相同）。

2. 完成或选做上述5个程序题（编辑、编译连接、运行程序，步骤与实验一相同）。

3. 退出Visual C++6.0集成开发环境，关机。

## 四、源程序清单、测试数据与结果

1. 定义整型、字符型数据并对其赋值，以不同的输出格式控制其输出结果，理解整型数据与字符型数据的转换，输入并运行以下程序。

```
#include < stdio.h >
int main（）
{
  int x=015，y=15，z=0x15；        //定义整型数据并赋不同进制的整数值
  char c1=97，c2='a'，c3='\115'，c4=77，c；    //定义字符型数据并赋值
  printf（"x=%o，y=%d，z=%x\n"，x，y，z）；
```

```
    printf ( "x=%d, y=%d, z=%d\n", x, y, z ); // 思考：与上一行输出结果的区别?
    printf ( "c1=%c, c2=%x, c3=%o, c4=%d\n", c1, c2, c3, c4 );
    printf ( "c1=%c, c2=%c, c3=%c, c4=%c\n", c1, c2, c3, c4 ); // 思考：与上一行输出结果的区别?
    printf ( "c1=%d, c2=%d, c3=%d, c4=%d\n", c1, c2, c3, c4 ); // 思考：与上一行输出结果的区别?
    c=c1-32;
    printf ( "c=%c, c=%d\n", c, c );
    return 0;
}
```

**参考结果：**

x=15，y=15，z=15

x=13，y=15，z=21

c1=a，c2=61，c3=115，c4=77

c1=a，c2=a，c3=M，c4=M

c1=97，c2=97，c3=77，c4=77

c=A，c=65

**思考并回答：**

①八进制、十进制、十六进制整数的输出格式控制的区别是什么？

②八进制、十六进制整数可否以 %d 输出格式控制输出？

③字符型数据是否可以以整数形式输出？

④整数型数据是否可以以字符形式输出？

⑤字符型数据是否可以参与算术运算？

2. 在 VC 中，整型( int 型，4 B )可求得分配空间的数据范围是 −2147483648 ~ 2147483647，以下程序会出现什么结果？为什么？

```
#include < stdio.h >
int main ( )
{
    int a, b;
    a=2147483647;
    b=a+1;
    printf ( "b=%d\n", b ); // 思考：b 的值是什么？为什么？
    a=-2147483648;
    b=a-1;
    printf ( "b=%d\n", b ); // 思考：b 的值是什么？为什么？
```

```
    return 0;
}
```

**参考结果：**

b=-2147483648

b=2147483647

**思考并回答：**

① int 型 4 B 的数据范围是多少？

②整型数据溢出的变化规律是什么？

## 3. 运行以下程序，理解自增和自减算术运算。

```
#include < stdio.h >
int main ( )
{
    int j, i, m, n;
    j=10;
    i=8;
    m=++j;
    n=j++;
    printf ( "i=%d, j=%d, m=%d, n=%d\n", i, j, m, n ) ; // 思考：m 与 n 值分别
是什么？区别是什么？
    m=--i;
    n=i++;
    printf ( "i=%d, j=%d, m=%d, n=%d\n", i, j, m, n ) ;
    return 0;
}
```

**参考结果：**

m=11，n=11，j=12

m=7，n=7，i=8

**思考并回答：**

①前置自加与后置自加的区别是什么？

②前置自减与后置自减的区别是什么？

## 4. 运行以下程序，理解浮点型数据的输出格式控制。

```
#include < stdio.h >
int main ( )
{
    float a, b;
    a=1.232326;
```

```
    b=1.23e5;
    printf ( "a=%10.4f\n", a ) ; // 思考：浮点类型输出格式控制是怎样的？
    printf ( "b=%-10.4f\n", b ) ;
    b=a+20;
    printf ( "a=%e, b=%e\n", a, b ) ;
    return 0;
}
```

**参考结果：**

a=1.2323

b=123000.0000

a=1.232326e+000，b=2.123233e+001

**思考并回答：**

①在浮点型数据的输出格式控制中左对齐如何表示？

②若没有特殊说明，浮点型数据输出小数点后几位有效？

③浮点型数据的输出方式有几种？分别是什么？

5. 已知：a=2，b=3，x=3.9，y=2.3（a，b 是整型，x，y 是浮点型），计算算术表达式（float）（a+b）/2+（int）x%（int）y 及 10+'a'+1.5−8765.1234*'b' 的值，上机编程验证。

**编程提示：**

①先判断结果值类型，可设置一个此类型的变量用于记录表达式结果，本例用 r 存放结果。

②程序先给几个条件变量赋初值，然后将表达式赋值给变量 r。

③最后输出变量 r 的值就是表达式的值。

**参考结果：**

3.500000

**思考并回答：**

①基本数据类型运算优先级是怎样的？运算过程中遵循的规律是什么？

②强制类型转换是怎么实现的？

## 五、实验小结和思考

1. 简述整数在内存中的存储方式。
2. 如果给整型变量赋的值超出所占字节范围会怎样？
3. 不同种类的整数类型占的字节数是多少？
4. 字符在内存中的存储方式是什么？字符类型变量占几个字节？
5. 浮点型数据在内存中的存储方式是什么？
6. 浮点类型变量占几个字节？

# 实验三　选择结构程序设计（2 学时）

## 一、实验目的和要求

1. 理解关系运算与关系表达式的特点。
2. 理解逻辑运算与逻辑表达式的特点。
3. 熟练掌握 if 语句和 switch 语句。

## 二、实验内容

1. 编写程序，理解关系运算与关系表达式的特点。
2. 编写程序，理解逻辑运算与逻辑表达式的特点。
3. 编写程序，理解条件运算与条件表达式的特点。
4. 编程，主函数中输入任意两个数，求其最小值并输出（用 if-else 结构实现）。
5. 编程：计算如下分段函数：

$$y=\begin{cases}3x-1 & x<0\\ 2x^2+4x-5 & 0\leqslant x<10\\ \sqrt{5x+10} & 10\leqslant x<25\\ x^3 & x\geqslant 25\end{cases}$$

6. 编程：使用 switch-case 多分支结构实现学生成绩的分段输出，如输入一个学生的成绩，若成绩在 80~100，输出 'A'；70~79，输出 'B'；60~69，输出 'C'；60 分以下，输出 'D'。

7. 编程：从键盘输入一个不多于 3 位的正整数，求出它是几位数，并按逆序输出。

## 三、实验步骤与过程

1. 启动 Visual C++6.0 集成开发环境（方法与实验一相同）。
2. 完成或选做上面的 4 个程序题（编辑、编译连接、运行程序，步骤与实验一相同）。
3. 退出 Visual C++6.0 集成开发环境，关机。

## 四、源程序清单、测试数据与结果

1. 运行以下程序，分析程序运行结果，理解关系运算与关系表达式的特点。

```
#include < stdio.h >
int main ( )
```

```
{
    int a, b=3%2;
    a=3 < 6+2;
    printf ("a=%d\n", a);          //思考：a 的值是多少？为什么？
    printf ("%d, %d\n", b==a, b!=a);
    return 0;
}
```

**参考结果：**

a=1

1，0

**思考并回答：**

①算术运算符与关系运算符的运算优先级哪个更高？

②关系表达式的结果是确定的还是不确定的？如果是不确定的，它的结果有几种可能？

2. 运行以下程序，分析程序运行结果，理解逻辑运算与逻辑表达式的特点。

```
#include < stdio.h >
int main ( )
{
    int a, b, c=3, d=4, m=1, n=1, r1, r2;
    a=5 > 3&&2 || 8 < 4-!0;
    b=(5 > 3)&&2 || (8 <(4-(!0)));     //思考：b 与 a 的值是否相等？为什么？
    printf ("a=%d\n", a);
    printf ("b=%d\n", b);
    a=1, b=2;
    r1= (m=a > b) && (n=c > d);
    printf ("m=%d, n=%d, r1=%d\n", m, n, r1); //思考：r1 的值是什么？为什么？
    r2= (m=a > b) || (n=c > d);
    printf ("m=%d, n=%d, r2=%d\n", m, n, r2);
    return 0;
}
```

**参考结果：**

a=1

b=1

m=0，n=1，r1=0

m=0，n=0，r2=0

**思考并回答：**

①逻辑运算符“!”、算术运算符、关系运算符、逻辑运算符“&&”、逻辑运算符“‖”、赋值运算符“=”的运算优先级排序是什么?

②逻辑表达式的结果是确定的还是不确定的？如果是不确定的，它的结果有几种可能?

③逻辑表达式中的“短路”特性是什么?

3. 运行以下程序，分析程序运行结果，理解条件运算与条件表达式的特点。

```
#include < stdio.h >
int main ( )
{
  int x=5, y=10, r1, r2, r3;
  r1=x? 'a' : 'b';
  r2=x > y?1: 1.5;
  r3=x < 0?1: (x < 0?-1: 0);    //思考：r3 的值？为什么?
  printf ("r1=%d, r2=%d, r3=%d\n", r1, r2, r3);
  return 0;
}
```

**参考结果：**

r1=97，r2=1，r3=0

**思考并回答：**

①逻辑表达式的结果是确定的还是不确定的？它的运算方式是怎样的?

②条件运算可否嵌套?

4. 编程：主函数中输入任意两个数，求其最小值并输出。

**编程提示：**

①先定义两个变量。

②给两个变量输入赋值。

③用 if-else 结构实现两数的比较、输出。

**参考结果：**

```
#include < stdio.h >
int main ( )
{
  float a, b, min_num;
  scanf ("%f, %f", &a, &b);
  if (a > b)
    printf ("the min_num is: %f\n", b);
```

```
    else
      printf ( "the min_num is: %f\n", a ) ;
    return 0;
}
```

5. 编程：计算如下分段函数：

$$y=\begin{cases}3x-1 & x<0\\ 2x^2+4x-5 & 0\leqslant x<10\\ \sqrt{5x+10} & 10\leqslant x<25\\ x^3 & x\geqslant 25\end{cases}$$

**编程提示：**

①程序中的输入变量和输出变量分别是什么？应对其定义。

②给输入变量输入赋值。

③用 if-else if...-else 结构实现变量的输出判断。

**参考程序：**

```
#include < stdio.h >
#include < math.h >
void main ( )
{
   float x, y;
   printf ( "please input the x: \n" ) ;
   scanf ( "x=%f", &x ) ;
   if ( x < 0 )
      y=3*x-1;
   else if ( x < 10 )    //思考：条件表达式为什么不是 0 < =x < 10?
      y=2*x*x+4*x-5;
   else if ( x < 25 )
      y=sqrt ( 5*x+10 ) ;
   else
      y=x*x*x;
   printf ( "y=%-8.3f\n", y ) ;
}
```

**运行结果：**

```
please input the x:
x=6
y=91.000
Press any key to continue
```

6. 编程：使用 switch-case 多分支结构实现学生成绩的分段输出，如输入一个学生的成绩，若成绩在 80~100，输出 'A'；70~79，输出 'B'；60~69，输出 'C'；60 分以下，输出 'D'。

**编程提示：**

①程序的输入、输出分别应是什么？

②定义输入变量 c，并对其赋值。

③用 switch-case 多分支结构输出分段表示结果 'A'，'B'，'C'，'D'。

④ switch 条件判断变量是 c/10。

**参考程序：**

```
#include < stdio.h >
int main ( )
{
   int c;
   printf ( "please input the grade: \n" ) ;
   scanf ( "%d", &c ) ;
   switch ( c/10 ) // 思考：c/10 的结果是否是整数？
   {
      case 10: printf ( "A\n" ) ;
      case 9: printf ( "A\n" ) ;
      case 8: printf ( "A\n" ) ; break;
      case 7: printf ( "B\n" ) ; break;
      case 6: printf ( "C\n" ) ; break;
      default: printf ( "D\n" ) ; break;
   }
}
```

**运行结果：**

```
please input the grade:
76
B
Press any key to continue
```

7. 编程：从键盘输入一个不多于 3 位的正整数，求出它是几位数，并按逆序输出。

**编程提示：**

① 3 位数各位数判别方法如下：

百位：a=num/100;

十位：b=num%100/10；

个位：c=num%100%10；

②用多分支判断方式判断是几位数并按逆序输出。

**参考程序：**

```
#include < stdio.h >
int main ( )
{
   int num, a, b, c;
   printf ( "input the num: \n" ) ;
   scanf ( "num=%d", &num ) ;
   if ( num > =0&&num < =999 )
   {
      a=num/100;
      b=num%100/10;
      c=num%100%10;
      if ( a!=0 )
         printf ( "the invert 3 num is: %d%d%d\n", c, b, a ) ;
      else if ( b!=0 )
         printf ( "the invert 2 num is: %d%d\n", c, b ) ;
      else
         printf ( "the invert 1 num is: %d\n", c ) ;
   }
   return 0;
}
```

**运行结果：**

```
input the num:
num=567
the invert 3 num is:765
Press any key to continue
```

## 五、实验小结和思考

1. 什么是选择？选择的结果是什么？
2. 什么是条件？条件的种类是什么？
3. if 的含义是什么？ if 成立后的语句只有 1 条还是多条？
4. if 是否可以嵌套？
5. 多分支的含义是什么？用 if 如何实现？用 switch-case 又如何实现？

# 实验四　循环控制程序设计（2 学时）

## 一、实验目的和要求

1. 掌握 while 语句，do-while 语句和 for 语句实现循环的方法。

2. 掌握循环嵌套、中断的程序设计。

3. 熟悉循环程序设计中的一些常用算法。

## 二、实验内容（可选做以下题目）

1. 分别用 while、do-while、for 语句编写程序，计算$\sum_{n=1}^{50} n^2$。理解循环结构程序的组成，以及三种语句实现的区别。

2. 分析程序，了解数据逆序输出算法，理解循环结构程序组成。

3. 编程实现求 20 以内整数的阶乘和，理解循环嵌套程序实现方法。

4. 编程实现一个数是否是素数的判断，理解循环中断的实现方法。

5. 编程实现求两个整数的最大公约数，最小公倍数。

6. 编程实现一行字符，英文字母、空格、数字和其他字符的个数统计。

7. 编程输出 10000 以内完数。

## 三、实验步骤与过程

1. 启动 Visual C++6.0 集成开发环境（方法与实验一相同）。

2. 完成或选做上面的 5 个程序题（编辑、编译连接、运行程序，步骤与实验一相同）。

3. 退出 Visual C++6.0 集成开发环境，关机。

## 四、源程序清单、测试数据与结果

### 1. 分别用 while、do-while、for 语句编写程序，计算$\sum_{n=1}^{50} n^2$。

**编程提示：**

①定义循环变量 n。

②循环终止的条件为 n < =50。

③循环体语句：sum=sum+$n^2$。

**参考程序：**

（1）while 语句

```
#include < stdio.h >
```

```
int main ( )
{
   int n=1, sum=0;
   while (n <=50)
   {
      sum=sum+n*n;
      n++;
   }
   printf ("sum=%d\n", sum);
   return 0;
}
```

(2) do-while 语句

```
#include <stdio.h>
int main ( )
{
   int n=1, sum=0;
   do
   {
      sum=sum+n*n;
      n=n++;
   }while (n <=50);
   printf ("sum=%d\n", sum);
   return 0;
}
```

(3) for 语句

```
#include <stdio.h>
int main ( )
{
   int n, sum=0;
   for (n=1; n <=50; n++)
   {
      sum=sum+n*n;
   }
   printf ("sum=%d\n", sum);
   return 0;
}
```

**运行结果：**

```
sum=42925
Press any key to continue
```

**思考并回答：**

①循环结构程序是怎样组成的？

② while、do-while、for 语句表示循环结构的书写区别是什么？

## 2. 运行分析以下循环结构程序，说明程序实现功能。

```
#include < stdio.h >
void main ( )
{
   int n1, n2;
   scanf ( "%d", &n2 ) ;
   while ( n2!=0 )
   {
      n1=n2%10; // 思考：% 运算的结果是什么？
      n2=n2/10; // 思考：/ 运算的结果是什么？
      printf ( "%d\n", n1 ) ;
   }
}
```

程序运行后，如果从键盘上输入 369，则输出结果是什么？

**参考结果：**

963

**思考并回答：**

①该循环结构程序的循环变量是什么？循环条件是什么？

②程序是怎样实现功能的？

## 3. 编程：求 $\sum_{n=1}^{20} n!$（即求 1！+2！+3！+4！+…+20!）。

**编程提示：**

①使用循环嵌套的编程方式完成此题。

②采用外循环完成求和。

③采用内循环计算每一项的阶乘。

④通过外循环变量是内循环变量变换的终止值来控制内循环。

**参考程序：**

```
#include < stdio.h >
int main ( )
```

```
{
  long sum=0;
  int n, j, term;
  for (n=1; n<=20; n++)
  {
    term=1;    //思考：term=1 可否放在循环外?
    for (j=1; j<=n; j++)   //思考：循环变量 j 的终止值为什么是 n?
      term=term*j;
    sum=sum+term;
  }
  printf("the sum is: %d\n", sum);
  return 0;
}
```

**运行结果：**

```
the sum is:268040729
Press any key to continue
```

4. 编程：输入一个大于 3 的整数 $n$，判定它是否为素数（primer）。

**编程提示：**

①如何判断 n 是素数？（素数是除了 1 和本身外没有可被 n 整除的数。）

②用 n 去整除从 2 到 n–1 的数，若余数为 0 的则结束循环，结束循环的方式是采用 break 语句。

**参考程序：**

```
#include <stdio.h>
int main()
{
  int n, j;
  printf("please enter a integer number, n=?");
  scanf("%d", &n);
  for (j=2; j<=n-1; j++)
  {
    if (n%j==0)
    break;    //思考：break 的作用?
  }
  if (j<n)   //思考：判断表达式可否写为 j<=n?
    printf("%d is not a primer!\n", n);
```

```
    else
        printf ( "%d is a primer!\n", n ) ;
    return 0;
}
```

**运行结果：**

```
please enter a integer number,n=?37
37 is a primer!
Press any key to continue
```

## 5. 编程：输入两个正整数 m 和 n，求其最大公约数 a 和最小共倍数 b。

**编程提示：**

①整除法：求出两数最小者 x，寻找从 1~x 能同时被 m 和 n 整除的最大数（appro）。

②辗除法：在 m > n 条件下，令 a=m，b=n，且 b!=0 条件下，反复求 a 与 b 的余数。

**参考程序：**

（1）整除法

```
#include < stdio.h >
int main ( )
{
    int m, n, x, i, appro=1;
    printf ( "please input two numbers: \n" ) ;
    scanf ( "%d, %d", &m, &n ) ;
    x=m > n?n: m;      //x 的值是 m 和 n 中的最小值
    for ( i=1; i < =x; i++ )
    {
        if ( m%i==0&&n%i==0 )
        appro=i;
    }
    printf ( "gongyueshu: %d\n", appro ) ;
    printf ( "gongbeishu: %d\n", m*n/appro ) ;
    return 0;
}
```

（2）辗除法

```
#include < stdio.h >
int main ( )
{
    int m, n, a, b, temp;
```

```
    scanf ( "m=%d, n=%d", &m, &n ) ;
    if ( m < n )
    {
      temp=m;
      m=n;
      n=temp;
    }
    a=m;    // a 的值是 m 和 n 中的最大值
    b=n;    // b 的值是 m 和 n 中的最小值
    while ( b!=0 )
    {
      temp=a%b;    // 辗除
      a=b;
      b=temp;
    }
    printf ( " 公约数：%d，公倍数：%d\n", a, m*n/a ) ;
    return 0;
}
```

**运行结果：**

```
m=9, n=6
公约数:3, 公倍数:18
Press any key to continue
```

6. 编程：输入一行字符，分别统计出其中的英文字母、空格、数字和其他字符的个数。

**编程提示：**

①输入一行字符依次判断，while ( ( c=getchar ( ) ) != ' \n; ) {……}。

②采用条件嵌套的方式。

**参考程序：**

```
#include < stdio.h >
int main ( )
{
   char c=0;
   int ch=0, num=0, sp=0, other=0;
   while ( ( c=getchar ( ) ) != ' \n ' ) // 输入字符
```

```
    {
      if (c>='a'&&c<='z'||c>='A'&&c<='Z')
        ch++;
      else if (c>='0'&&c<='9')
        num++;
      else if (c==' ')
        sp++;
      else
        other++;
    }
    printf ("the ch, num, sp, other: %d, %d, %d, %d\n", ch, num, sp, other);
    return 0;
}
```

**运行结果：**

```
qwertj_345@
the ch,num,sp,other:6,3,0,2
Press any key to continue
```

## 7. 编程输出 10000 以内的完数。

**编程提示：**

①完数是该数所有因子之和等于该数本身的数。

②通过循环找出 10000 之内的所有完数。

**参考程序：**

```
#include <stdio.h>
int main ()
{
  int num, j, sum_factor;
  for (num=2; num<=10000; num++)
  {
    sum_factor=0;
    for (j=1; j<num; j++)       //求 num 的所有因子和
    {
      if (num%j==0)
      sum_factor+=j;
    }
```

```
        if ( sum_factor==num )
            printf ( "%d is sum_factor!\n", num ) ;
    }
    return 0;
}
```

运行结果：

```
6 is sum_factor!
28 is sum_factor!
496 is sum_factor!
8128 is sum_factor!
Press any key to continue
```

## 五、实验小结和思考

1. 什么是循环？循环结构程序是怎样组成的？
2. 循环中断的实现方式有几种？它们的区别是什么？

# 实验五　数组（2 学时）

## 一、实验目的和要求

1. 掌握一维数组和二维数组的定义、赋值和输入输出的方法。
2. 掌握字符数组和字符串的使用方法。
3. 掌握与数组有关的算法（特别是排序算法）。

## 二、实验内容（可选做以下题目）

1. 编程：定义一组有 10 个元素的数组，依次赋值后逆序输出。

2. 编程：输入 10 个学生成绩，要求按从小到大顺序排序。要求掌握选择法（或冒泡法）排序思想。

3. 编程：将 1 个数插入到已排好序的数组中，按顺序重新输出该数组。

4. 编程：有 10 个数按由大到小顺序存放在一个数组中，输入一个数，查找判断该数是否是数组中的数。要求掌握折半查找法算法思想。

5. 编程：定义一个 2×3 的数组，依次输入值后将该数组行列元素互换，存到另一个二维数组中。

6. 编程：输入三个字符串，比较找出其中最小者。

7. 从键盘输入一个整数，将各位上为偶数的数去除，剩余的数按原来从高位到低位的顺序组成一个新的数，然后输出被删除的数、被删除数原来的位数及新组成的数。

8. 从键盘输入一串字符串，再输入 1 个位数，删除对应位数的字符，然后输出删除字符后的字符串。

## 三、实验步骤与过程

1. 启动 Visual C++6.0 集成开发环境（方法与实验一相同）。
2. 完成或选做上面 4 个程序题（编辑、编译连接、运行程序，步骤与实验一相同）。
3. 退出 Visual C++6.0 集成开发环境，关机。

## 四、源程序清单、测试数据与结果

1. 编程：定义一个有 10 个元素的整型数组，依次赋值后逆序输出。

**编程提示：**

①定义数组。

②通过初始化赋值或循环遍历数组中每个元素的方法为其赋值。

③通过循环逆序输出。

**参考程序：**

```
#include < stdio.h >
int main ( )
{
   int i, a [ 10 ] ={0};
   for ( i=0; i < 10; i++ )
      scanf ( "%d", &a [ i ] ) ;
   for ( i=9; i > =0; i-- )
      printf ( "%3d", a [ i ] ) ;
   printf ( "\\n" ) ;
   return 0;
}
```

**运行结果：**

```
2 3 4 5 6 7 8 9 12 13
 13 12  9  8  7  6  5  4  3  2
Press any key to continue
```

2. 编程：输入 10 个学生成绩，要求按从小到大顺序进行排序。

**编程提示：**

①使用冒泡排序法或选择排序法。

②冒泡排序法的思想为：

a. n 个数比较 n–1 轮，用循环变量 i 表示。i 的范围为：0~n–2，每轮最后一个元素最大，不参加下次比较。

b. 每轮两两元素比较，元素下标用循环变量 j 表示。j 的范围为：0~（n–i）。

③选择排序法的思想为：

a. n 个数比较 n–1 轮，用循环变量 i 表示。i 的范围为：0~n–2，每轮 a [ i ] 元素与剩下的元素比较。

b. 每轮比较，元素下标用循环变量 j 表示。j 的范围为：i+1~（n–1）。

**参考程序：**

（1）冒泡排序

```
#include < stdio.h >
int main ( )
{
   int a [ 10 ] , i, j, temp;
   for ( i=0; i < 10; i++ )    // 循环输入数组 a 中元素值
```

```
    scanf("%d", &a[i]);
  for(i=0; i<9; i++)    // 比较的轮数
  {
    for(j=0; j<9-i; j++)    // 每轮相邻两元素比较
    {
      if(a[j]>a[j+1])
      {
        temp=a[j];
        a[j]=a[j+1];
        a[j+1]=temp;
      }
    }
  }
  for(i=0; i<10; i++)
    printf("%3d", a[i]);
  printf("\\n");
  return 0;
}
```

**运行结果：**

```
2 4 56 7 8 24 15 45 6 8
  2  4  6  7  8  8 15 24 45 56
Press any key to continue
```

（2）选择排序

```
#include <stdio.h>
int main()
{
  int a[10], i, j, temp;
  printf("enter numbers: \\n");
  for(i=0; i<=9; i++)
    scanf("%d", &a[i]);
  for(i=0; i<9; i++)    // 比较的轮数
  {
    for(j=i+1; j<=9; j++)    //a[i]与剩下所有元素比较
    {
      if(a[i]>a[j])
```

```
        {
          temp=a [ i ] ;
          a [ i ] =a [ j ] ;
          a [ j ] =temp;
        }
      }
    }
    printf ( "the sorted numbers: \\n" ) ;
    for ( i=0; i < 10; i++ )
      printf ( "%3d", a [ i ] ) ;
    printf ( "\\n" ) ;
    return 0;
}
```

**思考并回答:**

选择排序与冒泡排序的算法区别是什么?

3. 编程：将 1 个数插入已排好序的数组中，按顺序重新输出该数组。

**编程提示:**

①若从小到大排列，将要插入的数与数组中的数依次比较。

②当要插入的数比当前数小时，从最后一个数到当前数依次后移。

③比较过程中使用 break 语句在当前数中断。

**参考程序:**

```
#include < stdio.h >
void main ( )
{
    int f [ 10 ] ={2, 4, 6, 8, 57, 68, 79, 98, 100};
    int num, i, j;
    scanf ( "num=%d", &num ) ;
    for ( i=0; i < =8; i++ )
    {
      if ( num < f [ i ] )
      break;  // 思考: break 的作用是什么?
    }
    for ( j=8; j > =i; j-- )
    {
      f [ j+1 ] =f [ j ] ;
```

```
    }
    f [ j+1 ] =num; // 思考：为什么不是 f [ j ] =num ?
    for ( i=0; i < 10; i++ )
        printf ( "%3d", f [ i ] ) ;
}
```

**运行结果：**

```
num=30
  2   4   6   8  30  57  68  79  98 100Press any key to continue
```

4. 编程：有 10 个数按由大到小顺序存放在一个数组中，输入一个数，查找判断该数是否为数组中的数。

**编程提示：**

①使用折半查找法实现。

②折半查找法的思想为：

a. 设查找数据的范围下限为 l=0，上限为 h=9，求中点 mid= ( l+h ) /2。

b. 用输入的 x 与中点元素 a [ mid ] 比较，若 x==a [ mid ]，即找到，停止查找；若 x < a [ mid ]，替换下限 l=mid+1，到下半段继续查找；若 x > a [ mid ]，替换上限 h=mid-1，到上半段继续查找。

c. 如此重复前面的过程直到找到或者 l > h 为止。如果 l > h，说明没有此数，在屏幕上打印找不到此数的提示信息，程序结束。

**参考程序：**

```
#include < stdio.h >
void main ( )
{
    int a [ 10 ] ={15, 14, 13, 12, 11, 10, 9, 8, 7, 6};
    int l=0, h=9, flag=0, x, mid;
    scanf ( "x=%d", &x ) ;
    while ( l < =h )
    {
        mid= ( l+h ) /2;
        if ( x==a [ mid ] )
        {
            printf ( "the inset num is a [ %d ] =%d\\n", mid, x ) ;
            flag=1;
            break;
        }
```

```
    else if (x > a[mid])
      h=mid-1;
    else
      l=mid+1;
    }
    if (flag==0)
      printf ("no found!\n");
}
```

**运行结果：**

```
x=14
the inset num is a[1]=14
Press any key to continue
```

5. 编程：定义一个 2×3 的数组，依次输入值后将该数组行列元素互换，存到另一个二维数组中。

**编程提示：**

①通过双重循环遍历二维数组中的每一个元素。

②注意将行列互换。

**参考程序：**

```
#include < stdio.h >
int main ( )
{
    int a[2][3], b[3][2], i, j;
    for (i=0; i < 2; i++)    // 外循环控制行标
    {
      for (j=0; j < 3; j++)    // 内循环控制列标
      {
        scanf ("%d", &a[i][j]);
        b[j][i]=a[i][j];
      }
    }
    for (i=0; i < 3; i++)
    {
      for (j=0; j < 2; j++)
        printf ("%4d", b[i][j]);
      printf ("\n");
    }
```

```
  return 0;
}
```

**运行结果：**

```
1 2 3 4 5 6
   1   4
   2   5
   3   6
Press any key to continue
```

## 6. 编程：输入 3 个字符串，比较找出其中最小者。

**编程提示：**

①定义一个二维数组，存放 3 个字符串。

②使用字符串处理函数实现两字符串的比较。

**参考程序：**

```
#include < stdio.h >
#include < string.h >
int main ( )
{
  char str [ 3 ] [ 20 ] , string [ 20 ] ;
  int i;
  for ( i=0; i < 3; i++ )
    gets ( str [ i ] ) ; // 思考：str [ i ] 代表什么?
  if ( strcmp ( str [ 0 ] , str [ 1 ] ) > 0 ) // 思考：strcmp ( ) 函数的形参是什么?
    strcpy ( string, str [ 0 ] ) ;
  else
    strcpy ( string, str [ 1 ] ) ;
  if ( strcmp ( str [ 2 ] , string ) > 0 )
    strcpy ( string, str [ 2 ] ) ;
  printf ( "the largest string is: " ) ;
  puts ( string ) ;
  return 0;
}
```

**运行结果：**

```
Good night!
Good morning!
Good teacher!
the largest string is:Good teacher!
Press any key to continue
```

7. 从键盘输入一个整数，将各位上为偶数的数去除，剩余的数按原来从高位到低位的顺序组成一个新的数，然后输出被删除的数、被删除数原来的位数及新组成的数。

**编程提示：**

①输入整数后将其整除取余获得其每一位数并将其存放于数组中。

②判断每一位数是否为偶数。

**参考程序：**

```
#include < stdio.h >
int main ( )
{

  int num, new_num=0;
  char s [ 12 ] ={0}, tp [ 12 ] ={0};
  int t, j, i=0;
  scanf ( "%d", &num ) ;
  while ( num!=0 )   // 将该整数的每一位放到数组 s 中
  {
    t=num%10;
    s [ i++ ] =t;
    num=num/10;
  }
  i--;
  for ( j=0; i > =0; i-- )   // 判断每一位数是否为偶数
  {
    if ( s [ i ] %2==0 )
    {
      printf ( " 第 %d 个数: %d\\n", i, s [ i ] ) ;
    }
    else
    {
      new_num=new_num*10+s [ i ] ;
    }

  }
  printf ( "%d\\n", new_num ) ;
}
```

**运行结果：**

```
123456
第4个数:2
第2个数:4
第0个数:6
135
Press any key to continue
```

8. 从键盘输入一串字符串，再输入 1 个位数，删除对应位数的字符，然后输出删除字符后的字符串。

**编程提示：**

①输入字符串，获取字符串的有效字符长度。

②通过循环判断是否是要删除的字符。

**参考程序：**

```
#include < stdio.h >
#include < string.h >
void main ( )
{
   char str1 [ 20 ] ;
   int i, j;
   scanf ( "%s", str1 ) ;
   printf ( "intput the num: \\n" ) ;
   scanf ( "%d", &i ) ;     // 输入第 i 个要被删除的字符
   for ( j=0; j < strlen ( str1 ) ; j++ )
   {
      if ( j==i )
         continue;
      printf ( "%c", str1 [ j ] ) ;
   }
   printf ( "\\n" ) ;
}
```

**运行结果：**

```
china!
intput the num:
5
china
Press any key to continue
```

## 五、实验小结和思考

1. 类型相同相互关联的数据可否在内存中连续存放？应如何实现？
2. 知道数组首元素的地址可否推出后续元素的地址？
3. 如何引用一维数组中的每个元素？如何引用二维数组中的每个元素？
4. 判断一个字符串是否为结束的标志的方法是什么？

# 实验六　函数（2 学时）

## 一、实验目的和要求

1. 掌握定义函数的方法。
2. 掌握函数实参与形参的对应关系以及“值传递”的方式。
3. 掌握函数的嵌套调用和递归调用的方法。
4. 掌握全局变量、局部变量、动态变量、静态变量的概念和使用方法。
5. 学习对多文件程序进行编译和运行的方法。

## 二、实验内容

1. 编程：写一个子函数，实现判断一个整数是否为素数的功能，即在主函数输入一个整数，调用子函数输出该数是否素数的信息。

2. 编程：写一个子函数，实现判断两个整数的最大公约数和最小公倍数的功能，在主函数输入两个整数，调用子函数输出这两个数的最大公约数和最小公倍数。

3. 编程：自定义一个子函数，实现给数组中每个元素加 10 功能。在主函数定义一个数组，内放 10 个学生成绩，调用子函数实现给每个学生加 10 分。

4. 编程：定义一个求数组中元素平均值、最大值、最小值的子函数。在主函数定义一个数组，内放 10 个学生成绩，输出 10 个学生的平均分、最高分、最低分（要求：把平均分设计为函数 ave 的返回值，最高分 max、最低分 min 在函数 ave 和主函数 main 中均需要使用，设计为全局变量）。

5. 编程：写一个子函数，实现将一个十六进制数换成十进制数输出的功能。在主函数输入一个十六进数，调用子函数输出转换后结果。

6. 编程：写一个子函数，实现计算某年、某月、某日是该年第几天的功能。在主函数输入年、月、日，调用子函数计算该日是该年的第几天。

## 三、实验步骤与过程

1. 启动 Visual C++6.0 集成开发环境（方法与实验一相同）。
2. 完成或选做上面 5 个程序题（编辑、编译连接、运行程序，步骤与实验一相同）。
3. 退出 Visual C++6.0 集成开发环境，关机。

## 四、源程序清单、测试数据与结果

1. 编程：写一个子函数，实现判断一个整数是否为素数的功能，即在主函数输入一个整数，调用子函数输出该数是否为素数的信息。

**编程提示：**

①定义判断一个整数是否为素数的子函数，设置函数的形参及返回值。

②主函数调用子函数时，注意思考实参是什么。

**参考程序：**

```
#include < stdio.h >
#include < math.h >
int IsPrime ( int num )
{
  int i, tmp;
  tmp=sqrt ( num ); // 思考：为什么要开根？
  for （i=2; i < = tmp; i++ ) // 思考：该循环的功能是什么？
  {
    if ( num % i == 0 )
    {
      return 0;
    }
  }
  return 1;
}
int main ( )
{
  int number;
  printf ( "please input a num: \t" ) ;
  scanf ( "%d", &number ) ;
  if （IsPrime ( number ) ）
  {
    printf ( "%d is prime!\n", number ) ;
  }
  else
  {
    printf ( "%d is not !!\n", number ) ;
  }
  return 0;
}
```

**运行结果：**

```
please input a num:     17
17 is prime!
Press any key to continue
```

2. 编程：写一个子函数，实现判断两个整数的最大公约数和最小公倍数的功能，在主函数输入两个整数，调用子函数输出这两个数的最大公约数和最小公倍数。

**编程提示：**

①采用欧几里得算法（辗除法）或者是整除法求取最大公约数。

②最小公倍数 = 两数相乘 / 最大公约数。

**参考程序：**

方法一：

```
#include < stdio.h >
int Gcd ( int n, int m )    // 用欧几里得算法求最大公约数
{
   int tmp;
   while ( m )    // 思考：循环的条件是什么？
   {
      tmp=n % m;
      n=m;
      m=tmp;
   }
   return n;
}
int main ( )
{
   int n, m;
   int gcd, lcm;
   scanf ( "%d %d", &n, &m ) ;
   gcd=Gcd ( n, m ) ;    //gcd 表示最大公约数
   lcm=n * m / gcd;    //lcm：表示最小公倍数
   printf ( "gcd: %d\n", gcd ) ;
   printf ( "lcm: %d\n", lcm ) ;
   return 0;
}
```

**运行结果：**

```
18 27
gcd: 9
lcm: 54
Press any key to continue
```

方法二：

```
#include < stdio.h >
int max_div（int x，int y）
{
  int m，div，i；
  m=x > y?y：x；    //m 为两个数中的最小数
  for（i=1；i < =m；i++）
  {
    if（（x%i==0）&&（y%i==0））
      div=i；
  }
  return div；    // div 是求得的最大公约数
}
void main（）
{
  int a，b；
  scanf（"%d，%d"，&a，&b）；
  printf（"%d，%d\n"，max_div（a，b），a*b/max_div（a，b））；
}
```

3. 编程：定义一个子函数，实现给数组中每个元素加 10 功能。在主函数定义一个数组，内放 10 个学生成绩，调用子函数实现给每个学生加 10 分。

**编程提示：**

①子函数的形参应为数组。

②函数调用过程中的参数传递为地址传递，即实参为数组名。

**参考程序：**

```
#include < stdio.h >
#define N 10   // 宏定义
void add（float a［N］）
{
  int i；
```

```
    for (i=0; i<N; i++)
        a[i]=a[i]+10;
}
void main ()
{
    float score[N];
    int i;
    for (i=0; i<N; i++)
        scanf ("%f", &score[i]);
    add (score);    //思考：函数调用的实参是什么？
    for (i=0; i<N; i++)
        printf ("%6.1f", score[i]);
    printf ("\n");
}
```

**运行结果：**

```
78 79 56 46 23 53 68 67 69 89
  88.0  89.0  66.0  56.0  33.0  63.0  78.0  77.0  79.0  99.0
Press any key to continue
```

4. 编程：定义一个求数组中元素平均值、最大值、最小值的子函数。在主函数定义一个数组，内放 10 个学生成绩，输出 10 个学生的平均分、最高分、最低分。

要求：把平均分设计为函数 ave 的返回值，最高分 max、最低分 min 在函数 ave 和主函数 main 中均需要使用，设计为全局变量。

**编程提示：**

①在主函数与子函数中都要使用的变量为全局变量，需定义在所有函数体之外。

②平均分子函数的形参为数组，函数调用过程中的参数传递为地址传递。

**参考程序：**

```
#include <stdio.h>
float max=0, min=0; // 全局变量
float average (float array[], int n);
void main ()
{
    float ave, score[10];
    int i;
    for (i=0; i<10; i++)
        scanf ("%f", &score[i]);
```

```
    ave=average ( score, 10 ) ;    // 思考：函数调用的实参是什么？
    printf ( "max=%6.2f\nmin=%6.2f\n", max, min ) ;
    printf ( "average=%6.2f\n", ave ) ;
}
float average ( float array [ ] , int n )   // 求数组最大值、最小值、平均值的子函数
{
    int i;
    float aver, sum=array [ 0 ] ;
    max=min=array [ 0 ] ;
    for ( i=1; i < n; i++ )
    {
        if ( array [ i ] > max )
            max=array [ i ] ;
        if ( array [ i ] < min )
            min=array [ i ] ;
        sum=sum + array [ i ] ;
    }
    aver=sum/n;
    return aver;
}
```

**运行结果：**

```
90 90 80 80 50 96 96 23 78 82
max= 96.00
min= 23.00
average= 76.50
Press any key to continue
```

5. 编程：写一个子函数，实现将一个十六进制数换成十进制数输出的功能。在主函数输入一个十六进数，调用子函数输出转换后结果。

**编程提示：**

①子函数的形参为字符数组，存放十六进制数的每个字符。

②返回值为整数类型变量。

**参考程序：**

```
#include < stdio.h >
#include < string.h >
// 函数 Transform 实现将十六进制字符串 hex 转换为十进制数
int Transform ( char hex [ ] )
```

```
{
    int ans, len, i, tmp;
    len=strlen(hex);
    ans=0;
    //将字符转换为 0~15 的数
    for (i=0; i<len; ++i)
    {
        if (hex[i] >= 'a' && hex[i] <= 'f')
        {
            tmp=hex[i] - 'a' +10;
        }
        else if (hex[i] >= 'A' && hex[i] <= 'F')
        {
            tmp=hex[i] - 'A' +10;
        }
        else if (hex[i] >= '0' && hex[i] <= '9')
        {
            tmp=hex[i] - '0';
        }
        ans=ans * 16 + tmp; //可以用 ans=ans << 4 + tmp, 16 是 2 的幂次方
    }
    return ans;
}
int main(int argc, char *argv[])
{
    char hex[10];
    int ans;
    scanf("%s", hex);
    ans=Transform(hex);
    printf("%d\n", ans);
    return 0;
}
```

**运行结果：**

```
12FE
4862
Press any key to continue
```

6. 编程：写一个子函数，实现计算某年、某月、某日是该年第几天的功能。在主函数输入年、月、日，调用子函数计算该日是该年的第几天。

**编程提示：**

①子函数的形参为年、月、日。

②返回值为第几天。

③注意闰年的 2 月有 29 天，非闰年 2 月有 28 天。

**参考程序：**

```
#include < stdio.h >
#include < string.h >
#include < math.h >
int process ( int year, int month, int day )
{
   int mon [ 12 ] ={31, 28, 31, 30, 31, 30, 31, 31, 30, 31, 30, 31};
   int fg;
   int ans, i;
   ans=0;
   // 判断某年是否为闰年，fg=1 为闰年，fg=0 为非闰年
   if ( year%400==0 || ( year%4==0&&year%100!=0 ) )
      fg=1;
   else
      fg=0;
   for (i=0; i < month - 1; i++)
   {
      ans += mon [ i ] ;
   }
   ans += day; // 计算所得天数
   if (fg && month > 2) // 判断是否为闰年且月份是否大于 2 月
   {
      ans++;
   }
   return ans;
}
int main ( int argc, char *argv [ ] )
{
   int year, month, day, sum;
   scanf ( "%d %d %d", &year, &month, &day ) ;
```

```
    sum=process（year，month，day）；
    printf（"The sum days is ：%d\n"，sum）；
    return 0;
}
```

运行结果：

```
2015 3 31
The sum days is : 90
Press any key to continue
```

## 五、实验小结和思考

1. 什么是函数？函数的程序实现方式是怎样的？

2. 函数调用的过程是怎样的？

3. 数组元素作为函数参数传递的是什么？数组名作为函数参数传递的是什么？什么可以代表数组的地址？

4. 什么是静态变量？与自动变量的区别是什么？

5. 局部变量与全局变量的区别是什么？

# 实验七　指针（2 学时）

## 一、实验目的和要求

1. 通过实验进一步掌握指针的概念，会定义和使用指针变量。
2. 能正确使用数组的指针和指向数组的指针变量。
3. 能正确使用字符串的指针和指向字符串的指针变量。
4. 能正确使用指向函数的指针变量。
5. 了解指向指针的指针概念及其使用方法。

## 二、实验内容

1. 编程：写一个子函数，实现两整数值交换的功能。在主函数输入 3 个数，要求通过调用子函数实现按由大到小的顺序输出。

2. 编程：写一个子函数，实现查找数组中最大值与最小值的功能。主函数定义并输入 1 个数组，通过调用子函数实现数组中最大值与最小值的查找。

要求：利用指针替代数组名作为函数参数找出一个数组中的最大值元素。

3. 编程：写一个子函数，实现将给定字母字符串的第一个字母变成大写字母，其他字母变成小写字母的功能。主函数定义并输入 1 个字符串，要求通过调用子函数实现字符串处理。

要求：利用指针替代数组名作为函数形参完成字符串处理。

4. 编程：写一个子函数，实现两字符串大小比较的功能（要求用指针处理）。在主函数定义并输入 3 个字符串，调用子函数按由大到小的顺序输出。

5. 编程：定义两个子函数分别实现求解两整数最大值与最小值的功能。主函数利用函数指针分别调用两子函数，实现两整数最大值与最小值的输出。

6. 编程：定义一个子函数，完成查找二维数组某一行首元素地址的功能。主函数函数定义一个二维数组 score 存放 4 个学生的 5 门课成绩，调用子函数查询学生成绩。

## 三、实验步骤与过程

1. 启动 Visual C++6.0 集成开发环境（方法与实验一相同）。
2. 完成或选做上面 5 个程序题（编辑、编译连接、运行程序，步骤与实验一相同）。
3. 退出 Visual C++6.0 集成开发环境，关机。

## 四、源程序清单、测试数据与结果

1. 编程：写一个子函数，实现两整数值交换的功能。在主函数输入 3 个数，要求通过调用子函数实现按由大到小的顺序输出。

**编程提示：**

①子函数的形参为两指针变量。

②主函数调用过程中，实参为两变量的地址。

**参考程序：**

```
#include < stdio.h >
void swap ( int *p1, int *p2 ) // 思考：子函数的形参能否是普通整型变量?
{
   int t;
   t=*p1;
   *p1=*p2;
   *p2=t;
}
void main ( )
{
   int a, b, c;
   scanf ( "%d, %d, %d", &a, &b, &c ) ;
   if ( a < b )
      swap ( &a, &b ) ; // 思考：函数的实参是什么?
   if ( a < c )
      swap ( &a, &c ) ;
   if ( b < c )
      swap ( &b, &c ) ;
   printf ( "the order is: %d, %d, %d\n", a, b, c ) ;
}
```

**运行结果：**

```
9,56,1
the order is:56,9,1
Press any key to continue
```

2. 编程：写一个子函数，实现查找数组中最大值与最小值的功能。主函数定义并输入 1 个数组，通过调用子函数实现数组中最大值与最小值的查找。

要求：利用指针替代数组名作为函数参数找出一个数组中的最大值元素。

**编程提示：**

①函数的形参为指针变量，实参为数组名，参数传递方式为地址传递。

②子函数中利用指针自加的方式遍历数组中每一个元素。

**参考程序：**

```
#include < stdio.h >
void array_max ( int *x, int n )
{
   int i, min=*x, max=*x++;     // 思考：程序执行完该语句，min，max，*x 的值分别是多少？
   for ( i=1; i < n; i++, x++ )
   {
      if ( max < *x )
         max=*x;
      if ( min > *x )
         min=*x;
   }
   printf ( "max=%d, min=%d\n", max, min ) ;
}
void main ( )
{
   int a [ ] ={8, 7, 55, 23, 49, 36, 58};
   array_max ( a, 7 ) ;
}
```

**运行结果：**

```
max=58,min=7
Press any key to continue
```

**思考并回答：**

①不用指针用数组作为函数形参应如何实现子函数的功能？

②可否定义一个指向数组的指针变量作为函数调用的实参？

3. 编程：写一个子函数，实现将给定字母字符串的第一个字母变成大写字母，其他字母变成小写字母的功能。主函数定义并输入 1 个字符串，要求通过调用子函数实现字符串处理。

要求：利用指针替代数组名作为函数形参完成字符串处理。

**编程提示：**

①函数的形参为指针变量，实参为数组名，参数传递方式为地址传递。

②利用字符串处理函数 strlen 获得字符串有效长度。

③子函数中利用指针自加的方式遍历数组中每一个元素。

**参考程序：**

```
#include < stdio.h >
#include < string.h >
void change（char *s）
{
   int x，i;
   x=strlen（s）；//思考：x 的值是什么?
   if（*s >= 'a' && *s <= 'z'）
   {
      *s -= 32； //思考：该语句的功能是什么?
   }
   s++;
   for（i=1； i < x-1； i++，s++）
   {
      if（*s >= 'A' && *s <= 'Z'）
      {
         *s += 32;
      }
   }
}

int main（）
{
   char str［100］，*s;
   scanf（"%s"，str）；
   s=str;
   change（s）；
   printf（"%s\n"，s）；
   return 0;
}
```

**运行结果：**

```
china
China
Press any key to continue
```

4. 编程：写一个子函数，实现两字符串大小比较的功能（要求用指针处理）。在主函数定义并输入 3 个字符串，调用子函数按由大到小顺序输出。

**编程提示：**

①交换子函数的形参为两指针变量，实参为两字符串。

②两字符串的比较应使用字符串处理函数 strcmp。

**参考程序：**

```
#include < string.h >
#include < stdio.h >
swap（char *p1，char *p2）;
void main（）
{
   char a1［50］={0};
   char a2［50］={0};
   char a3［50］={0};
   scanf（"%s"，a1）;
   scanf（"%s"，a2）;
   scanf（"%s"，a3）;
   if（strcmp（a1，a2）> 0）swap（a1，a2）;
   if（strcmp（a1，a3）> 0）swap（a1，a3）;
   if（strcmp（a2，a3）> 0）swap（a2，a3）;
   printf（"the order is：%s，%s，%s\n"，a1，a2，a3）;
}
swap（char *p1，char *p2）
{
   char temp［20］;
   strcpy（temp，p1）;
   strcpy（p1，p2）;
   strcpy（p2，temp）;
}
```

**运行结果：**

```
hello
world
china
the order is:china,hello,world
Press any key to continue
```

5. 编程：定义两个子函数分别实现求解两整数最大值与最小值的功能。主函数利用函数指针分别调用两子函数，实现两整数最大值与最小值的输出。

**编程提示：**

①两个子函数的形参类型、个数相同，返回值类型相同。

②声明函数指针。

**参考程序：**

```
#include < stdio.h >
int f_max（int x，int y）
{
   return（x > y?x：y）;
}
int f_min（int x，int y）
{
   return（x < y?x：y）;
}
void main（）
{
   int（*funselect）（int x，int y）；// 声明函数指针
   funselect=f_max；// 指向最大值函数
   printf（"max=%d\n"，funselect（3，5））;
   funselect=f_min； // 指向最小值函数
   printf（"min=%d\n"，funselect（3，5））;
}
```

**运行结果：**

```
max=5
min=3
Press any key to continue
```

6. 编程：定义一个子函数，完成查找二维数组某一行首元素地址的功能。主函数定义一个二维数组 score 存放 4 个学生的 5 门课成绩，调用子函数查询学生成绩。

**编程提示：**

①子函数为返回指针值的函数。

②子函数的返回值为指针（某一行元素的首地址）。

③子函数的形参为二维数组与某一行变量。

**参考程序：**

```
#include < stdio.h >
#define N 4
#define S 5
//pointer 相当于二维数组的数组名
float *search（float（*pointer）[S]，int n）
{
   float *pt;
   pt=*（pointer+n）;     //指向第 n 行
   return pt;
}
void main（）
{
   float score [N] [S];
   float *p;
   int i，j，k;
   printf（"enter the score：\n"）;
   for（i=0; i < N; i++）
      for（j=0; j < S; j++）
         scanf（"%f"，&score [i] [j]）;
   printf（"enter the num："）;
   scanf（"%d"，&k）;
   p=search（score，k）;
   for（i=0; i < S; i++）
      printf（"%5.2f\t"，*（p+i））;     //依次输出该行每个元素
   printf（"\n"）;
}
```

**运行结果：**

```
enter the score:
78 78 78 78 78 89 89 89 89 89 85 85 85 85 85 75 75 75 75 75
enter the num:1
89.00    89.00    89.00    89.00    89.00
Press any key to continue
```

## 五、实验小结和思考

1. 什么是指针？什么是指针变量？如何定义指针变量？
2. 如何给指针变量赋值？已学过的哪些内容可代表地址？
3. 引用一个指针变量是否需加 * ？加 * 与不加 * 的指针的区别是什么？
4. 用指针（地址）作为函数参数的特点是什么？
5. 指向函数的指针与返回指针值的函数定义的区别是什么？
6. 什么是二级指针？能否编程举例说明？

# 实验八　自定义数据类型（2 学时）

## 一、实验目的和要求

1. 掌握结构体类型的定义与使用。

2. 掌握枚举类型的定义与使用。

3. 了解共用体类型的定义与使用。

## 二、实验内容

1. 编程：定义一个学生结构体类型，包括学生的学号、姓名和成绩等成员信息。主函数使用学生结构体类型定义两个学生变量，输入两个学生的学号、姓名和成绩，输出成绩较高的学生的学号、姓名和成绩。

要求：分别使用结构体变量和结构体指针变量输出学生信息。

2. 编程：有 5 个学生的信息（包括学号、姓名、3 门课程成绩），用键盘输入 5 个学生信息，求出 3 门课程平均成绩，并按从高到低顺序输出（选择或冒泡法排序）。

3. 编程：声明枚举类型 Weekday，其中包括 sun 到 sat 7 个元素；主函数使用 Weekday 定义变量，给变量赋值并输出相应的枚举元素。

4. 分析程序，写出运行结果，理解共用体类型的使用特点。

## 三、实验步骤与过程

1. 启动 Visual C++6.0 集成开发环境（方法与实验一相同）。

2. 完成或选做上面 3 个程序题（编辑、编译连接、运行程序，步骤与实验一相同）。

3. 退出 Visual C++6.0 集成开发环境，关机。

## 四、源程序清单、测试数据与结果

1. 编程：定义一个学生结构体类型，包括学生的学号、姓名和成绩等成员信息。主函数使用学生结构体类型定义两个学生变量，输入两个学生的学号、姓名和成绩，输出成绩较高的学生的学号、姓名和成绩。

要求：分别使用结构体变量和结构体指针变量输出学生信息。

**编程提示：**

①定义一个学生结构体类型，该类型的数据成员有哪些？

②用学生结构体定义两个学生变量，分别输入两学生变量的各成员数据。

**参考程序：**

方法一：

```
#include < stdio.h >
struct Stu
{
  int num;
  char name [ 20 ] ;
  float score;
};
void main ( )
{
  struct Stu st1, st2={102, "fang", 98.2};
  scanf ( "%d%f%s", &st1.num, &st1.score, st1.name ) ;
  if ( st1.score > st2.score )
    printf ( "%s ( %d ) : %6.2f\n", st1.name, st1.num, st1.score ) ;
  else
    printf ( "%s ( %d ) : %6.2f\n", st2.name, st2.num, st2.score ) ;
}
```

方法二：

```
#include < stdio.h >
struct Stu
{
  int num;
  char name [ 20 ] ;
  float score;
};
void main ( )
{
  struct Stu st1, st2={102, "fang", 98.2}, *p1, *p2;
  p1=&st1; // 结构体指针 p1 指向变量 st1
  p2=&st2; // 结构体指针 p2 指向变量 st2
  scanf ( "%d%f%s", &p1- > num, &p1- > score, &p1- > name ) ;
  if ( p1- > score > p2- > score ) // 通过指针访问
    printf ( "%s ( %d ) : %6.2f\n", p1- > name, st1.num, p1- > score ) ;
  else
    printf ( "%s ( %d ) : %6.2f\n", p2- > name, st2.num, p2- > score ) ;
}
```

**运行结果：**

```
101 89 wang
fang(102): 98.20
Press any key to continue
```

2. 编程：有 5 个学生的信息（包括学号、姓名、3 门课程成绩）从键盘输入 5 个学生信息，求出 3 门课程平均成绩，并按从高到低顺序输出（选择或冒泡法排序）。

**编程提示：**

①定义一个学生结构体类型，该类型的数据成员有哪些？

②用学生结构体类型定义学生结构体数组，该数组中每个元素是什么？它们包括什么信息？

③定义输入学生结构体数组信息的子函数，该子函数的形参是什么？是否需要返回值？

④定义冒泡法排序的子函数，该子函数的形参是什么？是否需要返回值？冒泡法排序的算法思想是什么？

⑤定义选择法排序的子函数，该子函数的形参是什么？是否需要返回值？选择法排序的算法思想是什么？

⑥定义输出最高成绩与最低成绩的子函数，该函数形参是什么？是否需要返回值？

**参考程序：**

```
#include < stdio.h >
#define N 2
struct Student
{
   int num;
   char name [ 20 ] ;
   float score [ 3 ] ;
   float aver;
};
void input ( struct Student stu [ ] ) ;
void paixu_maopao ( struct Student stu [ ] ) ;
void paixu_xuanze ( struct Student stu [ ] ) ;
void max_output ( struct Student stu [ ] ) ;
void main ( )
```

```
{
   struct Student stu [ N ] , *p;
   p=stu;
   input ( p ) ;
   paixu_maopao ( p ) ;
   max_output ( p ) ;
}
void input ( struct Student stu [ ] ) // 输入函数
{
   int i;
   for ( i=0; i < N; i++ )
   {
   scanf ( "%d%f%f%f%s", &stu [ i ].num, &stu [ i ].score [ 0 ] , &stu [ i ].score [ 1 ] ,
&stu [ i ] .score [ 2 ] , stu [ i ] .name ) ;
    stu [ i ] .aver= ( stu [ i ] .score [ 0 ] +stu [ i ] .score [ 1 ] +stu [ i ] .score [ 2 ] )
/3.0;
   }
}
void paixu_maopao ( struct Student stu [ ] )    // 冒泡排序子函数
{  int i, j, tp;
   for ( i=0; i < N-1; i++ )
   {
      for ( j=0; j < N-i-1; j++ )
      {
         if ( stu [ j ] .aver > stu [ j+1 ] .aver )
         {
            tp=stu [ j ] .aver;
            stu [ j ] .aver=stu [ j+1 ] .aver;
            stu [ j+1 ] .aver=tp;
         }
      }
   }
   printf ( "the order is: " ) ;
   for ( i=0; i < N; i++ )
      printf ( "%6.2f", stu [ i ] .aver ) ;
   printf ( "\n" ) ;
}
```

```
void paixu_xuanze（struct Student stu［ ］）    //选择排序子函数
{  int i，j，tp;
   for（i=0; i < N-1; i++）
   {
      for（j=i+1; j < N-1; j++）
      {
         if（stu［j］.aver > stu［j+1］.aver）
         {
            tp=stu［j］.aver;
            stu［j］.aver=stu［j+1］.aver;
            stu［j+1］.aver=tp;
         }
      }
   }
   printf（"the order is: "）;
   for（i=0; i < N; i++）
      printf（"%6.2f"，stu［i］.aver）;
   printf（"\n"）;
}
void max_output（struct Student stu［ ］）    //输出最大最小值的函数
{
   float max=stu［0］.aver;
   float min=stu［0］.aver;
   int i;
   for（i=0; i < N; i++）
   {
      if（max < stu［i］.aver）
         max=stu［i］.aver;
      if（min > stu［i］.aver）
         min=stu［i］.aver;
   }
   printf（"max=%6.2f，min=%6.2f\n"，max，min）;
}
```

**运行结果：**

```
101 89 97 96 张三
102 96 93 92 李四
the order is: 93.67 94.00
max= 94.00,min= 93.67
Press any key to continue
```

3. 编程：声明枚举类型 Weekday，其中包括 sun 到 sat 7 个元素；主函数使用 Weekday 定义变量，给变量赋值并输出相应的枚举元素。

**编程提示：**

①定义一个枚举类型，枚举元素按常量处理，可以在声明时指定枚举元素的值。

②整数值不能直接赋给枚举变量，如需要将整数赋值给枚举变量，应进行强制类型转换。

**参考程序：**

```
#include < stdio.h >
enum weekday {sun=7, mon=1, tue, wed, thu, fri, sat}; // 声明枚举类型
void main ( )
{
   enum weekday day;
   int c;
   scanf ( "%d", &c ) ;
   day= ( enum weekday ) c; // 强制类型转换
   switch ( day )
   {
      case 7: printf ( "sun!\n" ) ; break;
      case 1: printf ( "mon!\n" ) ; break;
      case 2: printf ( "tue!\n" ) ; break;
      case 3: printf ( "wed!\n" ) ; break;
      case 4: printf ( "thu!\n" ) ; break;
      case 5: printf ( "fri!\n" ) ; break;
      case 6: printf ( "sat!\n" ) ; break;
      default: printf ( "missing input!\n" ) ; break;
   }
}
```

**运行结果：**

```
6
sat!
Press any key to continue
```

4. 分析程序，写出运行结果，理解共用体类型的使用特点。

```
#include < stdio.h >
union data
```

```
{
   int i;
   char ch;
   float f;
};
void main ( )
{
   union data a;
   a.i=1;
   a.ch= 'b' ;
   a.f=1.5;
   printf ( "%d\n", a.i ) ;
   printf ( "%c\n", a.ch ) ;
   printf ( "%f\n", a.f ) ;
}
```

**参考结果:**

随机值

随机值

1.500000

**思考并回答:**

①共用体类型的特点是什么?

②为什么输出结果是上述结果?

## 五、实验小结和思考

1. 结构体类型与共用体类型的区别是什么?
2. 枚举类型的特点是什么?
3. typedef 的作用是什么?

# 实验九　文件的输入输出（2 学时）

## 一、实验目的和要求

1. 掌握文件的打开与关闭。
2. 掌握文件的输入输出。
3. 掌握文件操作的各种函数的使用。
4. 掌握包含文件操作的程序设计和调试方法。

## 二、实验内容

1. 打开、关闭文件：在工程目录下建立记事本文件 score.txt，其中存放 5 个学生的学号、姓名、3 门课成绩（如下数据所示）。主函数打开文件读取数据，计算每个学生的平均成绩并将所有信息输出。

101　方一　80　58　89
102　李二　99　48　57
103　陈三　69　86　95
104　谭四　73　75　84
105　周五　83　75　84

2. 用二进制方式向文件读写一组数据：用结构体数组保存学生的基本信息，利用文件的写操作将学生的基本信息写入文件“student.dat”中。

3. 向文件读写字符串：以读文本文件方式打开工程目录下一个已有的源文件“first.c”，以写文本文件方式打开目标文件“first_2.c”，从“first.c”文件中读取字符串并写入目标磁盘文件“first_2.c”中。

## 三、实验步骤与过程

1. 启动 Visual C++6.0 集成开发环境（方法与实验一相同）。
2. 完成或选做上面 3 个程序题（编辑、编译连接、运行程序，步骤与实验一相同）。
3. 退出 Visual C++6.0 集成开发环境，关机。

## 四、源程序清单、测试数据与结果

1. 打开、关闭文件：在工程目录下建立记事本文件 score.txt，其存放 5 个学生的学号、姓名、3 门课成绩（如下数据所示）。主函数打开文件读取数据计算每个学生的平均成绩并将所有信息输出。

**编程提示：**

①打开文件库函数：fopen（文件名，使用文件方式）；。

②关闭文件库函数：fclose（文件指针）；。

③格式化输出文件函数：fscanf（文件指针，格式字符串，输入列表）；。

**参考程序：**

```
#include < stdio.h >
#include < stdlib.h >
#define  N  5
void main（ ）
{
  FILE *fp;
  int num，sc1，sc2，sc3，score，i;
  char name［10］；
  if（（fp=fopen（"score.txt"，"r"））==NULL）
  {
    printf（"Error"）；
    exit（0）；
  }
  for （i=1；i < =N；i++）
  {
    fscanf（fp，"%d%s%d%d%d\n"，&num，name，&sc1，&sc2，&sc3）；
    score=sc1+sc2+sc3;
     printf（"%6d%10s%6d%6d%6d%6d\n"，num，name，sc1，sc2，sc3，
score/3）；
  }
  fclose（fp）；
}
```

**运行结果：**

```
101      方一     80     58     89     75
102      李二     99     48     57     68
103      陈三     69     86     95     83
104      谭四     73     75     84     77
105      周五     83     75     84     80
Press any key to continue
```

2. 用二进制方式向文件读写一组数据：用结构体数组保存学生的基本信息，利用文件的写操作将学生的基本信息写入文件“student.dat”中。

**编程提示：**

①用二进制方式向文件写一组数据函数：fwrite（buffer，size，count，fp）；。

②用二进制方式向文件读一组数据函数：fread（buffer，size，count，fp）；。

**参考程序：**

```
#include"stdio.h"
#define N 3
struct student
{
   char name［10］；
   int num;
   int score［3］；
}stu［N］；
void main（）
{
   void save（）；
   void out（）；
   int i;
   for（i=0; i＜N; i++）
   scanf（"%s%d%d%d%d", stu［i］.name, &stu［i］.num, &stu［i］.score［0］,
&stu［i］.score［1］, &stu［i］.score［2］）；
   save（）；
   putout（）；
}
void save（）
{
   FILE *fp;
   int i;
   if（（fp=fopen（"student.dat", "wb"））==NULL）
   {
      printf（"the file cannot open1 !\n"）；
      return;
   }
   for（i=0; i＜N; i++）
   {
      if（fwrite（&stu［i］, sizeof（struct student）, 1, fp）!=1）
      {
         printf（"file write error !\n"）；
         return;
      }
```

```
    }
    fclose ( fp ) ;
}
void putout ( )
{
    FILE *fp;
    int i;
    if ( ( fp=fopen ( "student.dat", "rb" ) ) ==NULL )
    {
        printf ( "the file cannot open2 !\n" ) ;
        return;
    }
    printf ( "\nname No score1 score2 \n" ) ;
    for ( i=0; i < N; i++ )
    {
        fread ( &stu [ i ] , sizeof ( struct student ) , 1, fp ) ;

printf ( "%-10s%3d%8d%10d%10d\n", stu [ i ] .name, stu [ i ] .num, stu [ i ] .score
[ 0 ] , stu [ i ] .score [ 1 ] , stu [ i ] .score [ 2 ] ) ;
    }
    fclose ( fp ) ;
}
```

**运行结果：**

```
张三 101 89 86 87 李四 102 85 86 83 王五 103 78 79 76

name        No      score1      score2      score3
张三        101     89          86          87
李四        102     85          86          83
王五        103     78          79          76
Press any key to continue
```

3. 向文件读写字符串：以读文本文件方式打开工程目录下一个已有源文件“first.c”，以写文本文件方式打开目标文件“first_2.c”，从“first.c”文件中读取字符串写入目标磁盘文件“first_2.c”中。

**编程提示：**

①把该字符写入目标磁盘文件函数：char *fputs ( char *str，int n，FILE*fp ) ;。

②从原有磁盘文件中读一个字符函数：char *fgets ( char *str，int n，FILE*fp ) ;。

**参考程序：**

```
#include < stdio.h >
```

```
#include < stdlib.h >
void main（ ）
{
   FILE *fp1，*fp2;
   char ch;
   if（（ fp1=fopen（"first.c"，"r"））==NULL）// 以读文本文件方式打开原有文件
   {
      printf（"Error"）；
      exit（0）；
   }
   if（（ fp2=fopen（"first_2.c"，"w"））==NULL）// 以写文本文件方式打开目标
文件
   {
      printf（"Error"）；
      exit（0）；
   }
   ch=fgetc（fp1）；
   while（ch!=EOF）
   {
      fputc（ch，fp2）； // 把该字符写入目标磁盘文件
      ch=fgetc（fp1）； // 从原有磁盘文件中读一个字符
   }
   fclose（fp1）；
   fclose（fp2）；
}
```

## 五、实验小结和思考

1. 什么是文件？程序设计中常用到的文件类型是哪两种？
2. 什么是文件缓冲区？
3. 文件结构体类型主要包括哪些内容？

# 实验十* 综合程序设计（8学时）

## 一、实验目的和要求

1. 通过综合程序设计，掌握面向过程程序设计方法的基本流程。

2. 掌握C语言程序设计中的常用基本算法。

3. 了解C程序设计的总体思路。

## 二、实验内容

在下面的综合程序题中选做一题。

1. 编程序建立学生学籍信息管理系统，要求实现学生学籍信息的录入、查询、修改、删除、输出等功能。

2. 编程序建立小型图书管理系统，要求实现图书资料和会员的管理，包括图书资料信息和会员资料的录入、查询、修改、删除、输出，以及借书、还书等功能。

3. 编程序建立小型ATM取款机管理系统，要求实现用户登录、查询、取款等功能。

4. 编程设计模拟电子琴软件设计，实现电子琴软件的基本功能。要求是图形显示方式，在DOS环境下画出电子琴的简单图形，能够用键盘操作电子琴，弹奏出低音（do~xi）、中音（do~xi）、高音（do~xi）等21个音符。

5. 编程序实现贪吃蛇游戏。要求：一条蛇在密闭的围墙内，在围墙内随机出现一个食物，通过按键盘上的4个光标键控制蛇向上下左右4个方向移动，蛇头撞到食物，则表示食物被蛇吃掉，这时蛇的身体长一节，同时计分，接着又出现食物，等待被蛇吃掉，如果蛇在移动过程中撞到墙壁、身体交叉或蛇头撞到自己的身体，则游戏结束。

## 三、实验步骤、过程

1. 启动Visual C++6.0集成开发环境（方法与实验一相同）。

2. 选做上面其中一个程序题（编辑、编译连接、运行程序，步骤与实验一相同）。

3. 退出Visual C++6.0集成开发环境，关机。

## 四、源程序清单、测试数据、结果。

**说明：**

下面给出前2个程序的参考实例，后续程序由学生自己独立完成。

1. 编程序建立学生学籍信息管理系统，要求实现学生学籍信息的录入、查询、修改、删除、输出等功能。

**编程提示：**

①定义学生结构体数据类型。

②分别定义学生学籍信息的录入、查询、修改、删除、输出等子函数，实现系统功能。

③采用主函数调用子函数的方式实现系统功能。

**参考程序：**

```
#include < stdio.h >
#include < conio.h >
#include < string.h >
#include < stdlib.h >
int stunum=0; // 初始化
struct student   // 定义学生结构体
{
   int id;
   char name [ 30 ] ;
   int age;
   char sex [ 4 ] ;
   char birthday [ 9 ] ;
   char add [ 80 ] ;
   char tel [ 15 ] ;
   char graduatetime [ 9 ] ;
   char entertime [ 9 ] ;
}stu [ 100 ] ;

void pr ( )    // 提示界面子函数
{
   system ( "cls" ) ;
   printf ( "************* 学生学籍管理系统 *********" ) ;
   printf ( "\n-----------------------------------------" ) ;
   printf ( "\n 选择功能:             1. 输入学生信息 " ) ;
   printf ( "\n                       2. 浏览学生信息 " ) ;
   printf ( "\n                       3. 查询学生信息 " ) ;
   printf ( "\n                       4. 退出学籍管理系统 " ) ;
   printf ( "\n------------By 20105454 陈 -----------" ) ;
   printf ( "\n****************************************\n" ) ;
```

```
}

void pr2 ( )    // 输出检索界面子函数
{
  void jsid ( ) ;
  void jsname ( ) ;
  int a;
  char ch;
  while (a)
  {
  system ("cls") ;
  printf ("********** 学生学籍管理系统 **********") ;
  printf ("\n------------- 查询 -----------------") ;
  printf ("\n 选择功能                1. 按学号查询 ") ;
  printf ("\n                         2. 按姓名查询 ") ;
  printf ("\n                         3. 返回主菜单 ") ;
  printf ("\n\n-----------------------------------") ;
  printf ("\n************************************\n") ;
  ch=getchar ( ) ;
  switch (ch)
  {
    case '1': jsid ( ) ; break;
    case '2': jsname ( ) ; break;
    case '3': a=0; break;
  }
  }
}

void openfile ( )    // 打开文件子函数
{
  FILE *fp;
  int n;
  if ( (fp=fopen ("data", "r+") ) ==NULL)
  fp=fopen ("data", "w+") ;
  for (n=0; n < 100; n++)
  fread (&stu [n] , sizeof (struct student) , 1, fp) ; fread (&stunum, 4, 1,
```

```
fp）; fclose（fp）;
    }
    void savefile（ ）    // 保存文件子函数
    {
      int n;
      FILE *fp;
      fp=fopen（"data", "r+"）;
      for（n=0; n < 100; n++）
      fwrite（&stu［n］, sizeof（struct student）, 1, fp）;
      fwrite（&stunum, 4, 1, fp）;
      fclose（fp）;
    }

    void editegraduatetime（int n）// 修改学生毕业时间子函数
    {
      printf（"\n 新的毕业时间: "）;
      scanf（"%s", stu［n］.graduatetime）;
    }

    void last（int n）// 检索第 n 个学生子函数
    {
      if（n==stunum）
      system（"cls"）;    // 清屏
      printf（"****** 学生学籍管理系统 ******"）;
      printf（"\n---------- 检索 ----------"）;
      printf（"\n 已检索到末尾。"）;
      printf（"\nPress any key to continue.."）;
      printf（"\n\n--------------------------"）;
      printf（"\n****************************\n"）;
    }

    void edit（int n）    // 修改第 n 个学生子函数
    {
      char ch;
      int a=1;
        while （a）
```

```
{
    system("cls");
    printf("************ 学生学籍管理系统 **********");
    printf("\n-------------- 修改 ------------------");
    printf("\n 请选择功能          1. 修改毕业时间 ");
    printf("\n                     2. 退出 ");
    printf("\n\n----------------------------------------");
    printf("\n*************************************\n");
    getchar();
    ch=getchar();
    switch(ch)
    {
    case '1': editegraduatetime(n); break;
    case '2': break;
    }
    break;
}
}
void del(int n)// 删除第 n 个学生子函数
{
  int a;
  for(a=n; a<stunum; a++)
  {

    strcpy(stu[a].name, stu[a+1].name);    // 复制后一个学生的信息到前
一个人上。
    stu[a].age=stu[a+1].age;
    strcpy(stu[a].sex, stu[a+1].sex);
    strcpy(stu[a].birthday, stu[a+1].birthday);
    strcpy(stu[a].add, stu[a+1].add);
    strcpy(stu[a].tel, stu[a+1].tel);
    strcpy(stu[a].graduatetime, stu[a+1].graduatetime);
    strcpy(stu[a].entertime, stu[a+1].entertime);
  }
  stunum--;
  printf(" 删除成功!  press Enter to continue..");
}
```

```
int editpr（int n）   //操作提示子函数
{
  int a=1;
  char ch;
  while（a）
  {
    getchar（）;
    printf（"\n 您想要: "）;
    printf（"\n\n                    1. 修改学生信息 "）;
    printf（"\n                      2. 删除该条信息 "）;
    printf（"\n                      3. 返回上级菜单 "）;
    printf（"\n                      4. 查看下条信息 "）;
    printf（"\n"）;
    ch=getchar（）;
    switch（ch）
    {
    case '1': edit（n）, a=0; break;
    case '2': del（n）, a=0; break;
    case '3': a=0; return（0）; break;
    case '4': a=0; break;
    }
  }
return（0）;
}

void jsid（）   //按学号查询某个学生子函数
{
  int n, i=0, j=0;
  system（"cls"）;
  printf（"\n 请输入想要查询的学号: "）;
  scanf（"%d", &n）;
  if（n < =stunum）
  {
    n=n--;
    printf（" 学号   姓名   年龄   性别   出生年月 \n"）;
    printf（"%4d ", stu[n].id）;
    printf（"%10s ", stu[n].name）;
```

```
        printf ( "%10d ", stu [ n ] .age ) ;
        printf ( "%9s ", stu [ n ] .sex ) ;
        printf ( "%15s \n", stu [ n ] .birthday ) ;
        printf ( "\n\n\n 学号   毕业时间   入学时间   电话   地址 \n" ) ;
        printf ( "%4d ", stu [ n ] .id ) ;
        printf ( "%10s", stu [ n ] .graduatetime ) ;
        printf ( "%9s", stu [ n ] .entertime ) ;
        printf ( "%10s ", stu [ n ] .tel ) ;
        printf ( "%s\n", stu [ n ] .add ) ;
        j=editpr ( n ) ;
        i++;
    }
    if ( i==0 )
    {
    printf ( "\nError: 没有这名学生 !press Enter to continue.." ) ;
    }
    else
    {
    if ( j==0 )
        goto end;
    else
    {
    system ( "cls" ) ;
    last ( n ) ;
    getchar ( ) ;
    }
    }
end: getchar ( ) ;
}
void jsname ( )    // 按姓名查询某个学生子函数

{
    int n, j, i=0;
    char m [ 30 ] ;
    system ( "cls" ) ;
    printf ( "\n 请输入想要查询的学生的姓名: " ) ;
    scanf ( "%s", m ) ;
```

```
for（n=0; n < stunum; n++）
{
  if（strcmp（m, stu[n].name）==0）
  {
  system（"cls"）;
  printf（"学号  姓名  年龄  性别  出生年月\n"）;
  printf（"%4d ", stu[n].id）;
  printf（"%10s ", stu[n].name）;
  printf（"%10d ", stu[n].age）;
  printf（"%9s ", stu[n].sex）;
  printf（"%15s \n", stu[n].birthday）;
  printf（"\n\n\n学号  毕业时间  入学时间  电话  地址\n"）;
  printf（"%4d ", stu[n].id）;
  printf（"%10s", stu[n].graduatetime）;
  printf（"%9s", stu[n].entertime）;
  printf（"%15s ", stu[n].tel）;
  printf（"%s\n", stu[n].add）;

  i++;
  if（（j=editpr（n））==0）
    break;
  }
 }
 if（i==0）
 printf（"\nError：没有这名学生!press Enter to continue.."）;
 if（j!=0）
 last（n）;
 getchar（）;
 getchar（）;
}

void writeinfomation（）   //写入功能
{
  int a, n=1, m;
  char ch;
```

```
while (n)
{
  a=stunum;
  system ("cls");
  printf ("ID: ");
  stu [a] .id= (a+1);
  printf ("%d", stu [a] .id);
  printf ("\nName: ");
  scanf ("%s", &stu [a] .name);
  printf ("\nAge: ");
  scanf ("%d", &stu [a] .age);    //写入信息
  printf ("\nSex: ");
  scanf ("%s", &stu [a] .sex);
  printf ("\nBirthday (E.g 20090101): ");
  scanf ("%s", &stu [a] .birthday);
  printf ("\nAddress: ");
  scanf ("%s", &stu [a] .add);
  printf ("\nTel: ");
  scanf ("%s", &stu [a] .tel);
  printf ("%n\nGraduatetime (E.g 20100730): ");
  scanf ("%s", &stu [a] .graduatetime);
  printf ("%n\nEntertime (E.g 20070901): ");
  scanf ("%s", &stu [a] .entertime);
  m=1;
  while (m)   //做一个循环，直到 m=0 时跳出
  {
    system ("cls");
    printf ("ID: ");
    printf ("%d", stu [a] .id);
    printf ("\nName: ");
    printf ("%s", stu [a] .name);
    printf ("\nAge: ");
    printf ("%d", stu [a] .age);
    printf ("\nSex: ");    //录入信息后显示刚录入的信息
    printf ("%s", &stu [a] .sex);
    printf ("\nBirthday (E.g 20070901): ");
```

```
            printf（"%s"，stu［a］.birthday）；
            printf（"\nAddress："）；
            printf（"%s"，stu［a］.add）；
            printf（"\nTel："）；
            printf（"%s"，stu［a］.tel）；
            printf（"\ngraduatetime（E.g 20070901）："）；
            printf（"%s"，stu［a］.graduatetime）；
            printf（"\nentertime（E.g 20070901）："）；
            printf（"%s"，stu［a］.entertime）；
            printf（"\n 请选择：1. 确认并继续  2. 重写  3. 放弃并返回  4. 确认并
返回"）；
            printf（"\n"）；
            ch=getchar（）；
            switch（ch）
            {
            case '1'：m=0；stunum++；break；
            case '2'：stunum，m=0；break；
            case '3'：m=0，n=0；break；   // 选择此项时，m=0，循环终止
            case '4'：m=0，n=0；a=stunum++；break；
            }
        }
    }

}
void scaninfomation（）// 浏览功能
{
    int count=1，i，n=1，pagenum=1，page=stunum/5+1；// 设定变量控制翻页
    char ch；
    while（n）
    {
        system（"cls"）；
        printf（"学号  姓名  性别  年龄  出生年月 \n"）；
        for（i=count-1；i < count+4&&i < stunum；i++）
        {

            printf（"%4d "，stu［i］.id）；
```

```
        printf ("%10s ", stu [i] .name);
        printf ("%10s ", stu [i] .sex);
        printf ("%9d ", stu [i] .age);
        printf ("%15s\n ", stu [i] .birthday);
    }
        printf ("\n\n\n 学号  毕业时间  入学时间  电话  地址 \n");
    for (i=count-1; i < count+4&&i < stunum; i++)
    {

        printf ("%4d ", stu [i] .id);
        printf ("%8s ", stu [i] .graduatetime);
        printf ("%10s ", stu [i] .entertime);
        printf ("%15s ", stu [i] .tel);
        printf ("%s\n", stu [i] .add);

    }
    printf ("\n1. 上一页 2. 下一页 0. 退出  共学生 %d 人，第 %d 页，共 %d 页 \n",
stunum, pagenum, page);
    ch=getchar ();
    switch (ch)
    {
    case ' 1 ': pagenum--;
      if (pagenum==0) count= (page-1) *5+1, pagenum=page;
      else count= (pagenum-1) *5+1; break;
    case ' 2 ': pagenum++;
      if (pagenum > page) count=1, pagenum=1;
      else count= (pagenum-1) *5+1; break;
    case ' 0 ': n=0; break;
    }
  }
}

void main ()   // 主函数
{
  int n=1;
  char ch;
```

```
    openfile（）；    //文件打开
    while （n）
    {
      pr（）；
      ch=getchar（）；
      switch（ch）  //switch 语句选择功能
      {
      case '1'：writeinfomation（）；break；//写入信息
      case '2'：scaninfomation（）；break；//浏览信息
      case '3'：pr2（）；break；
      case '4'：n=0；break；
      }
    }
    savefile（）；//文件保存
  }
```

2. 编程序建立小型图书管理系统，包括图书资料信息和会员资料的录入、查询、修改、删除、输出，以及借书、还书等功能。

**编程提示：**

①定义图书结构体数据类型。

②分别定义图书资料信息的录入、查询、修改、删除、输出等子函数，实现系统功能。

③采用主函数调用子函数的方式实现系统功能。

**参考程序：**

```
#include < stdio.h >
#include < string.h >
#include < conio.h >
#include < stdlib.h >
#define N sizeof（struct notes）
#define  PT "%-s\t%s\t%-d\t%d\t%-20s\t%06d\t\t%s\t\t%-s\t\t%-s\t%s\t\n"，p- >
name，p- > sex，p- > grade，p- > number_student，p- > books，p- > number_books，p-
> author，p- > publish，p- > lend_time，p- > back_time
struct notes   /* 记录 */
{
  char name［10］；   /* 姓名 */
  char sex［4］；   /* 性别 */
  int grade；   /* 年级 */
  int number_student；   /* 学号 */
```

```
    char books [ 20 ] ;    /* 已借阅图书的书名 */
    int number_books;    /* 书号 */
    char author [ 10 ] ;    /* 作者 */
    char publish [ 14 ] ;    /* 出版社 */
    char lend_time [ 10 ] ;    /* 借书时间 */
    char back_time [ 10 ] ;    /* 还书截止时间 */
    struct notes *next;
};
void find1 ( struct notes *p0 ) ;
void find2 ( struct notes *p0 ) ;
void print ( struct notes *p3 ) /* 输出子函数 */
{
    struct notes *p;
    system ( "cls" ) ;
    p=p3;
    printf ( "\n\n~~~~~~~~~~~~~~ 校园图书借阅管理系统 ~~~~~~~~~~~~~~" ) ;
    printf ( "\n\n 姓名 \t 性别 \t 年级 \t 学号 \t\t 已借阅图书的书名 \t\t 书号 \t\t 作者 \t\t
出版社 \t\t\t 借书时间 \t 还书截止时间 \n\n" ) ;
    while ( p!=NULL )
    {
        printf ( PT ) ;
        p=p- > next;
    }
    getch ( ) ;    // 输入任意值返回
    system ( "cls" ) ;
}

struct notes *creat ( ) /* 输入子函数 */
{
    struct notes *head=NULL, *p1, *p2;
    int i=0;

    p2= ( struct notes * ) malloc ( N ) ;    // 分配新的内存给 p2
    printf ( "\n\n\t\t 录入信息 " ) ;
    printf ( "\n--------------------------------------------" ) ;
    while ( 1 )
```

```
{p1=（struct notes*）malloc（N）;
printf（"\n（书号为0时退出）\n\n 请录入书号："）;
scanf（"%d", &p1- > number_books）;
getchar（）;
if（p1- > number_books!=0）
{printf（"\n 姓名："）;
scanf（"%s", &p1- > name）;
getchar（）;
printf（"\n 性别："）;
scanf（"%s", &p1- > sex）;
getchar（）;
printf（"\n 年级："）;
scanf（"%d", &p1- > grade）;
getchar（）;
printf（"\n 学号："）;
scanf（"%d", &p1- > number_student）;
getchar（）;
printf（"\n 已借阅图书的书名："）;
scanf（"%s", &p1- > books）;
getchar（）;
printf（"\n 该书作者："）;
scanf（"%s", &p1- > author）;
getchar（）;
printf（"\n 出版社："）;
scanf（"%s", &p1- > publish）;
getchar（）;
printf（"\n 借书时间："）;
scanf（"%s", &p1- > lend_time）;
getchar（）;
printf（"\n 还书截止时间："）;
scanf（"%s", &p1- > back_time）;
getchar（）;
i++;
if（i==1）
   head=p1;
else
```

```
            p2- > next=p1;
          p2=p1;
          }
          else
            break;
          }
          p2- > next=NULL;
          free ( p1 ) ;
          printf ( "\n-------------------------------------------" ) ;
          printf ( "\n\t\t   %d 条信息录入完毕 ", i ) ;
          getch ( ) ;
          system ( "cls" ) ;
          return head;
      }

      void find ( struct notes *p0 ) /* 查找子函数 */
      {
          int a;
          system ( "cls" ) ;
          printf ( "1. 按学号查找 \n" ) ;
          printf ( "2. 按书号查找 \n" ) ;
          scanf ( "%d", &a ) ;
          switch ( a )
          {
          case 1: find1 ( p0 ) ; break;
          case 2: find2 ( p0 ) ; break;
          default: ;
          }
      }

      void find1  ( struct notes *p0 )   // 按学号查找子函数
      {
        system ( "cls" ) ;
        int number_student;
        int flag=1;
        struct notes *p;
```

```
    p=p0- > next;
    printf（" 请输入要查找的学生的学号：\n"）;
    scanf（"%d", &number_student）;
    for（p=p0; p; p=p- > next）
      if（p- > number_student==number_student）
      {
        printf( "\n\n 姓名 \t 性别 \t 年级 \t 学号 \t\t 已借阅图书的书名 \t\t 书号 \t\t 作者 \t\t 
出版社 \t\t\t 借书时间 \t 还书截止时间 \n\n"）;
        printf（PT）;
        flag=0;
        break;
      }
      if（flag）printf（"\n  暂无此同学借阅信息 \n"）;    // 当 flag=1 时执行
      getch（）;
  }

  void find2（struct notes *p0）  // 按书号查找子函数
  {
    system（"cls"）;
    int number_books1=0;
    int flag=1;
    struct notes *p;
    p=p0- > next;
    printf（" 请输入要查找的书号：\n"）;
    scanf（"%d", &number_books1）;
    for（p=p0; p; p=p- > next）
      if（p- > number_books==number_books1）
      {
        printf( "\n\n 姓名 \t 性别 \t 年级 \t 学号 \t\t 已借阅图书的书名 \t\t 书号 \t\t 作者 \t\t 
出版社 \t\t\t 借书时间 \t 还书截止时间 \n\n"）;
        printf（PT）;
        flag=0;
        break;
      }
      if（flag）printf（"\n  暂无此图书信息 \n"）;
      getch（）;
  }
```

```
void del (struct notes *p0) /* 删除模块 */
{
    system ("cls");
    int number_books1=0;
    int number_student1=0;
    int flag=1;
    struct notes *p;
    p=p0;
    printf (" <书号为 0 时退出> \n");
    printf (" 请输入要删除记录的书号: ");
    scanf ("%d", &number_books1);
    if (number_books1!=0)
    {
    printf (" 请输入要删除记录的学号: ");
    scanf ("%d", &number_student1);
    while (p!=NULL)
    {

  if (p- > number_books==number_books1&&p- > number_student==number_
student1)
    {
        p0- > next=p- > next;    // 后续结点连接到前驱结点之后
        free (p);
        printf ("\t 该记录已删除 .");
        flag=0;
        break;
        }
        p0=p;
        p=p- > next;
    }
    if (flag)   printf ("\n\t 无此图书信息。");
    getch ();

    }
    else
        system ("cls");
}
```

```
void insert（struct notes *p0）/* 录入模块 */
{
  struct notes *p;
  int r=0;

  system（"cls"）;
  p=（struct notes *）malloc（N）;
  while（1）
  {
  printf（"\n（书号为 0 时退出）\n\n 请录入书号："）;
  scanf（"%d", &p->number_books）;
    getchar（）;
  if（p->number_books!=0）
  {printf（"\n 姓名："）;
  scanf（"%s", &p->name）;
    getchar（）;
  printf（"\n 性别："）;
  scanf（"%s", &p->sex）;
    getchar（）;
  printf（"\n 年级："）;
  scanf（"%d", &p->grade）;
    getchar（）;
  printf（"\n 学号："）;
  scanf（"%d", &p->number_student）;
    getchar（）;
  printf（"\n 已借阅图书的书名："）;
  scanf（"%s", &p->books）;
    getchar（）;
  printf（"\n 该书作者："）;
  scanf（"%s", &p->author）;
    getchar（）;
  printf（"\n 出版社："）;
  scanf（"%s", &p->publish）;
    getchar（）;
  printf（"\n 借书时间："）;
  scanf（"%s", &p->lend_time）;
```

```
        getchar ( ) ;
      printf ( "\n 还书截止时间: " ) ;
      scanf ( "%s", &p- > back_time ) ;

          r=p- > number_books;
          p- > next=p0- > next;
          p0- > next=p;
          printf ( "\n 已成功录入 !\n" ) ;
      }
      else
      break;
      }
      p- > number_books=r;
      system ( "cls" ) ;
  }
  void modify ( struct notes *p0 ) /* 修改模块 */
  {
     system ( "cls" ) ;
     int number_student1=0;
     int number_book1=0;
     int flag=1;
     int choice;
     struct notes *p;
     p=p0;
     printf ( " 请输入要修改记录学生的学号: " ) ;
     scanf ( "%d", &number_student1 ) ;
     getchar ( ) ;
     printf ( " 请输入要修改记录图书的书号: " ) ;
     scanf ( "%d", &number_book1 ) ;
     getchar ( ) ;
     while ( p!=NULL&&flag==1 )
     {

if ( p- > number_student==number_student1&&p- > number_books==number_book1 )
      { printf ( "\n\n 当前借阅信息如下: \n" ) ;
      printf ( "\n 姓名 \t 性别 \t 年级 \t 学号 \t\t 已借阅图书的书名 \t\t 书号 \t\t 作者 \t\t
```

```
出版社 \t\t\t 借书时间 \t 还书截止时间 \n\n"）；
        printf（PT）；
        printf（"\n\t 请选择需要修改的项：\n"）；
        printf（"\n\t   1. 修改学生姓名 \n"）；
        printf（"\n\t   2. 修改学生性别 \n"）；
        printf（"\n\t   3. 修改学生年级 \n"）；
        printf（"\n\t   4. 修改学生学号 \n"）；
        printf（"\n\t   5. 修改已借阅图书的书名 \n"）；
        printf（"\n\t   6. 修改书号 \n"）；
        printf（"\n\t   7. 修改该书作者 \n"）；
        printf（"\n\t   8. 修改出版社 \n"）；
        printf（"\n\t   9. 修改借书时间 \n"）；
        printf（"\n\t   10. 修改还书截止时间 \n"）；
        printf（"\n\t   0. 不作修改，返回主菜单 \n"）；
        printf（"\n\t 请选择："）；
        scanf（"%d"，&choice）；
        switch（choice）
        {
        case 1：{ printf（"\n 请输入新的学生姓名："）；
          scanf（"%s"，&p- > name）； break;
            }
        case 2：{ printf（"\n 请输入新的学生性别："）；
          scanf（"%s"，&p- > sex）； break;
            }
        case 3：{ printf（"\n 请输入新的学生年级："）；
          scanf（"%d"，&p- > grade）； break;
            }
        case 4：{printf（"\n 请输入新的学生学号："）；
          scanf（"%d"，&p- > number_student）； break;
            }
        case 5：{printf（"\n 请输入新的已借阅图书书名："）；
          scanf（"%s"，&p- > books）； break;
            }
        case 6：{printf（"\n 请输入新的已借阅图书书号："）；
          scanf（"%d"，&p- > number_books）； break;
            }
```

```
        case 7：{printf（"\n 请输入新的该书作者："）；
          scanf（"%s"，&p- > author）；break；
            }
        case 8：{printf（"\n 请输入新的出版社："）；
          scanf（"%s"，&p- > publish）；break；
            }
        case 9：{printf（"\n 请输入新的借书时间："）；
          scanf（"%s"，&p- > lend_time）；break；
            }
        case 10：{printf（"\n 请输入新的还书截止时间："）；
          scanf（"%s"，&p- > back_time）；break；
            }
        case 0：{ break；
            }
        }
        printf（"\n\t 该项已成功修改。\n\t 新的借阅信息："）；
        printf（"\n\n 姓名 \t 性别 \t 年级 \t 学号 \t\t 已借阅图书书名 \t\t 书号 \t\t 作者 \t\t
出版社 \t\t\t 借书时间 \t 还书截止时间 \n\n"）；
        printf（PT）；
        flag=0；
        }
        p0=p；
        p=p0- > next；
      }
      if（flag）  printf（"\n\t 暂无借阅信息。"）；
      getch（）；
      system（"cls"）；
    }

    struct notes *read_file（）/* 读文件 */
    {
      int i=0；
      struct notes *p，*p1，*head=NULL；
      FILE *fp；
      if（（fp=fopen（"librarysa.txt"，"rb"））==NULL）
      {printf（"\n\n******** 库文件不存在，请创建！ **********"）；
```

```
    getch ( ) ;
    return NULL;
    exit (0) ;
    }
    p1= (struct notes *) malloc (N) ;

    printf ("\n 已有图书信息: ") ;
    printf ("\n\n 姓名 \t 性别 \t 年级 \t 学号 \t\t 已借阅图书的书名 \t\t 书号 \t\t 作者 \t\t
出版社 \t\t\t 借书时间 \t 还书截止时间 \n\n") ;
    while (!feof (fp) )
    {
      p= (struct notes *) malloc (N) ;

  if (fscanf (fp, "%s\t%s\t%d\t%d\t%s\t%d\t\t%s\t\t%s\t\t%s\t%s\n", &p->name,
&p->sex, &p->grade, &p->number_student, &p->books, &p->number_
books, &p->author, &p->publish, &p->lend_time, &p->back_time) !=EOF)
      {
        printf (PT) ;
          i++;
      }
      if (i==1)
        head=p;
      else
        p1->next=p;
      p1=p;
    }
    p1->next=NULL;
    fclose (fp) ;
    printf ("\n  共 %d 种记录信息 ", i) ;
    printf ("\n\n\n  文件中的信息已正确读出。按任意键返回。") ;
    getch ( ) ;
    system ("cls") ;
    return (head) ;
  }

  void save (struct notes *head) /* 保存文件 */
```

```
{
    FILE *fp;
    struct notes *p;
    fp=fopen("librarysa.txt","wb");    //以只写方式打开二进制文件
    if(fp==NULL)   //打开文件失败
    {
        printf("\n=====>打开文件失败!\n");
        getch();
        return;
    }
    else
        for(p=head;p!=NULL;p=p->next)
fprintf(fp,"%s\t%s\t%d\t%d\t%s\t%d\t\t%s\t\t%s\t\t%s\t%s\n",p->name,p->sex,p->grade,p->number_student,p->books,p->number_books,p->author,p->publish,p->lend_time,p->back_time);
        fclose(fp);
        printf("\n\t保存文件成功!\n");
}

void main()
{
    struct notes *head=NULL;
    int choice=1;
    head=read_file();
    if(head==NULL)
    {
        printf("\n********* 创建一个数据库 **********");
        getch();
        head=creat();
    }
    do
    {
        system("cls");
        printf("----------------Welcome-----------------\n");
```

```
        printf（" 欢迎您，管理员 \n\n\n\n"）；
        printf（"****************************************\n\n"）；
        printf（"\n 请选择："）；
        printf（"\n   1. 信息录入 \n"）；
        printf（"\n   2. 信息查询 \n"）；
        printf（"\n   3. 信息删除 \n"）；
        printf（"\n   4. 信息修改 \n"）；
        printf（"\n   5. 信息显示 \n"）；
        printf（"\n   0. 退出系统 \n"）；
        printf（"****************************************\n"）；
        scanf（"%d"，&choice）；
        switch（choice）
        {
        case 1：insert（head）；break;
        case 2：find（head）；break;
        case 3：del（head）；break;
        case 4：modify（head）；break;
        case 5：print（head）；break;
        case 0：system（"cls"）；break;
        }
    }
    while（choice!=0）；
    save（head）；
}
```

## 五、实验小结和思考

1. 面向过程程序设计特点是什么?
2. 简述完成综合程序设计后的体会。